钳工工艺和机械制造

谭永林　潘爱华　胡代赟◎主编

延边大学出版社

图书在版编目(CIP)数据

钳工工艺和机械制造 / 谭永林, 潘爱华, 胡代赟主编. -- 延吉：延边大学出版社, 2019.7
　　ISBN 978-7-5688-7279-9

　　Ⅰ. ①钳… Ⅱ. ①谭… ②潘… ③胡… Ⅲ. ①钳工-工艺②机械制造工艺 Ⅳ. ①TG9②TH16

中国版本图书馆CIP数据核字(2019)第138413号

钳工工艺和机械制造

主　　编：谭永林　潘爱华　胡代赟
责任编辑：沈晓娟
封面设计：邓可可
出版发行：延边大学出版社
社　　址：吉林省延吉市公园路977号　　　邮　　编：133002
网　　址：http://www.ydcbs.com　　　　　E-mail：ydcbs@ydcbs.com
电　　话：0433-2732435　　　　　　　　 传　　真：0433-2732434
制　　作：山东延大兴业文化传媒有限责任公司
印　　刷：天津雅泽印刷有限公司
开　　本：787×1092　1/16
印　　张：11.75
字　　数：198千字
版　　次：2019年7月第1版
印　　次：2019年9月第1次印刷
书　　号：ISBN 978-7-5688-7279-9

定价：52.00元

前言

钳工是手持工具对金属表面进行切削加工的一种工种,钳工在加工过程中利用台虎钳、手锯、锉刀、钻床及各种手工工具去完成目前机械加工所不能完成的工作。钳工的工作特点是灵活、机动、不受进刀位置的限制,即使现在出现了各种先进设备,但在加工过程中仍离不开钳工。

尽管目前在许多方面都采取机械加工的方式,但对于一些特殊零件的加工,由于其不适宜采用机械加工的方式进行,并且由于钳工具有加工灵活的特点,所以这时就需要钳工来对其进行加工。一些加工形式复杂而且具有高精度的零件,都需要通过钳工来进行加工,技术熟练的钳工所加工出来的产品其精度和光洁度则会超出现代化机床所加工出来的产品,而且对于现代机床所无法加工出的复杂零件,钳工也能够进行加工。另外在钳工进行加工作业时,其所使用的工具和设备都较简单,而且形态较小,便于携带,所以钳工进行零件加工时具有投资小的特点。但由于钳工在进行零件加工时是通过手工进行操作的,所以其生产效率较低,而且具有较高的劳动强度,再者在加工过程中,加工人员技术熟悉程度与加工出来的产品质量息息相关,因而加工出来的产品的质量不稳定。

在人类改造客观世界的过程中,大量使用了各种各样的机械与设备,如交通运输中的汽车、火车、轮船、飞机;建筑施工中的起重设备;机械加工中的各种机床;工业、民用制冷空调机组等。这些机器和设备是由零件组成的,为了完成这些零件的整个生产过程,一般都需要有铸造、锻造、焊接多个环节,其中钳工是起源较早、技术性较强的工种之一。

伴随着科学技术的飞速发展,机械制造正在经历着一个从主要的技艺型的传统制造技术向自动化、最优化、柔性化、绿色化、智能化、集成化和精密化方向发展的巨大变化。各种新工艺、新设备、新材料的大量出现与推广应用,客观上使钳工的工作范围越来越广泛,分工越来越精细,钳工的技术也向着更数字化和更精密性的方向发展。

目 录

第一章 机械设计与制造 ··001
第一节 机械的概述 ··001
第二节 机械设计与制造的基本要求与程序 ··············008
第三节 机械加工工艺 ··013

第二章 机械制造装备设计 ··025
第一节 机械制造装备概述 ··025
第二节 机械制造装备设计的要求及过程 ··············034
第三节 机械制造装备设计的类型与方法 ··············043

第三章 特种加工制造技术 ··049
第一节 电火花加工及线切割 ··049
第二节 电化学加工技术 ··057
第三节 激光与超声波加工技术 ··066
第四节 电子束与离子束加工技术 ··074

第四章 先进制造技术 ··081
第一节 先进制造技术概述 ··081
第二节 先进制造工艺技术 ··089
第三节 先进制造生产模式 ··095
第四节 面向环境的绿色制造 ··101

第五章 钳工的操作技能 ··107
第一节 钳工专业基础知识 ··107
第二节 钳工的常用设备与量具 ··114
第三节 钳工的基本加工方法 ··120

第六章 轮机工程基础······127
第一节 轮机工程力学基础······127
第二节 轮机工程材料基础······137
第三节 轮机材料的加工工艺······146

第七章 轮机的维护与修理······155
第一节 船用仪表及量具介绍······155
第二节 零件损害的分类······161
第三节 船机零件的修复······172

参考文献······181

第一章 机械设计与制造

第一节 机械的概述

人类在长期的生产实践中,为了减轻劳动强度、改善劳动条件、提高劳动生产率,创造和发展了机械,例如电动机、内燃机、洗衣机、汽车等。随着科学技术的发展,生产的机械化和自动化已经成为衡量一个国家社会生产力发展水平的重要标志之一。

一、机械、机器、机构

(一)机械、机器、机构的概述

1. 机械

所谓机械,原始含义是指灵巧的器械。从广义角度讲,凡是能完成一定机械运动(如转动、往复运动等)的装置都是机械。如螺丝刀、钳子、剪子等简单工具是机械,汽车、坦克、机床等高级复杂的装备也是机械。但在现代社会中,人们把简单的、没有动力源的机械称为工具或器械,如钳子、剪子、手推车等;而把复杂的、具体的机械称为机器。汽车、飞机、轮船、车床、起重机、织布机、印刷机、包装机等大量具有不同外形、不同用途的设备都是具体的机器,而泛指这些设备时则常常用机械来统称。

2. 机器

机器的发展经历了一个由简单到复杂的过程。人类为了满足生产及生活的需要,设计和制造了类型繁多、功能各异的机器。但是,在蒸汽机出现以后,机器才具有了完整的形态。

我们可以用图1-1来概括地说明一部完整机器的组成。

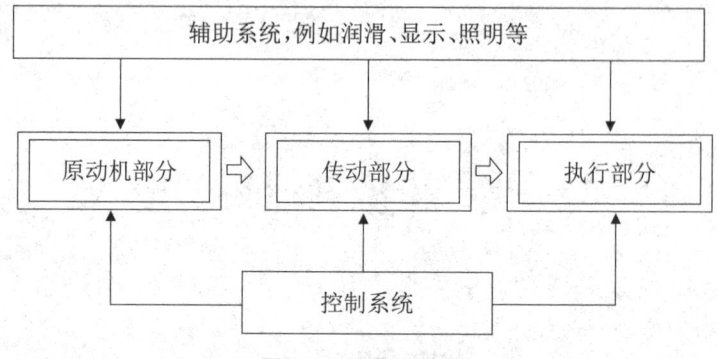

图1-1 机器的组成

在图1-1中,双线框表示一部机器的基本组成部分,单线框表示附加组成部分,着眼点在于它们的功能,并不涉及它们的复杂性。

原动机部分是驱动整部机器完成预定功能的动力源。通常一部机器只用一个原动机,复杂的机器也可能有好几个动力源。一般地说,它们都是把其他形式的能量转换为可以利用的机械能。从历史发展来说,最早被用来作为原动机部分的是人力或畜力,此后水力机及风力机相继出现。工业革命以后,主要是利用蒸汽机(包括汽轮机)及内燃机。电动机的出现,使一切可以得到电力供应的地方几乎全部使用了电动机作为原动机。现代机器中使用的原动机大致是以各式各样的电动机和热力机为主。原动机的动力输出绝大多数呈旋转运动的状态,输出一定的转矩。在少数情况下也有用直线运动马达或作动筒以直线运动的形式输出一定的推力或拉力的。

执行部分是用来完成机器预定功能的组成部分。一部机器可以只有一个执行部分(例如压路机的压辊),也可以把机器的功能分解成好几个执行部分(例如桥式起重机的卷筒、吊钩部分执行上下吊放重物的功能,小车行走部分执行横向运送重物的功能,大车行走部分执行纵向运送重物的功能)。

由于机器的功能是各式各样的,所以要求的运动形式也是各式各样的。同时,所要克服的阻力也会随着工作情况而异。但是原动机的运动形式、运动及动力参数却是有限的,而且是确定的。这就提出了必须把原动机的运动形式、运动及动力参数转变为执行部分所需的运动形式、运动及动力参数的问题,这个任务就是靠传动部分来完成的。也就是说,机器中之所以必须有传动部分,就是为了解决运动形式、运动及动力参数的转变问题。例如把旋转运动变为直线运动、高转速变为低转速、小转矩变为大转矩等。

简单的机器只由上述三个基本部分组成。随着机器的功能越来越复杂,对机器的精确度要求也就越来越高,如机器只有以上三个基本部分,使用起来就会遇到很大的困难。所以机器除了以上三个部分外,还会不同程度地增加其他部分,例如控制系统和辅助系统等。

机器的传动部分多数使用机械传动系统,有时也可使用液压或电力传动系统。机械传动是绝大多数机器不可缺少的重要组成部分。以汽车为例,发动机(汽油机或柴油机)是汽车的原动机;离合器、变速箱、传动轴和差速器组成传动部分;车轮、悬挂系统及底盘(包括车身)是执行部分;转向盘和转向系统、排挡杆、刹车及其踏板、离合器踏板及油门组成控制系统;油量表、速度表、里程表、润滑油温度表及蓄电瓶电流表、电压表等组成显示系统;后视镜、车门锁、刮雨器及安全装置等为其他辅助装置;前后灯及仪表盘灯组成照明系统;转向信号灯及车尾红灯组成信号系统等。

3.机构

任何机械设备都是由许多机械零部件组成。在单缸冲程内燃机中,存在三种运动的组合体:第一,活塞、连杆、曲轴和汽缸体组合起来,可将活塞的往复运动转化为曲轴的连续运动。第二,凸轮、顶杆和汽缸体的另一组合,可将凸轮的连续转动转变为顶杆按某种预期运动规律的往复移动。第三,两个齿轮与汽缸体组合在一起后,又可改变转速的大小和方向。[①]这些具有各自运动特点且均含有一个机架(这里是汽缸体)的组合体才是基本的。将能实现预期的机械运动的各构件(包括机架)的基本组合体称为机构。在工程实际中,人们常根据实现各种运动形式的构件及主要零件外形特点定义机构的名称。以上三种机构分别为曲柄滑块机构、凸轮机构和齿轮机构。

[①]王笑竹,霍仕武.机械设计[M].北京:北京理工大学出版社,2017.

通过以上分析可知,机构仅具有机器的前两个特征,即机构是人为的实物的组合体,具有确定的机械运动,它可以用来传递运动及动力或变换运动形式。

一部机器是由一个或几个机构组成的。机器的主要功能除传递运动外,还可以转换机械能或完成有用的机械功。而机构的主要功能是用来传递运动或变换运动形式。若单纯从结构和运动的观点看,机器和机构并无区别,因此,通常把机器和机构统称为机械。

(二)设计机器的主要要求

设计机器的任务是在当前技术发展所能达到的条件下,根据生产及生活的需要提出的。不管机器的类型如何,一般来说,会对机器提出以下的基本要求。

1.使用功能要求

机器应具有预定的使用功能,这主要靠正确地选择机器的工作原理,正确地设计或选用能够全面实现功能要求的执行机构、传动机构和原动机以及合理地配置必要的辅助系统来实现。

2.经济性要求

机器的经济性体现在设计、制造和使用的全过程中,设计机器时就要全面综合地进行考虑。设计制造的经济性表现为机器的成本低;使用经济性表现为高生产率、高效率,较少地消耗能源、原材料和辅助材料以及低管理和维护费用等。

提高设计和制造经济性指标的主要途径有以下几种:第一,采用先进的现代设计方法,使设计参数最优化,达到尽可能精确的设计计算结果,保证机器足够的可靠性。尽可能多地应用CAD技术,加快设计进度,降低设计成本。第二,最大限度地采用标准化、系列化及通用化的零、部件。零件结构尽可能采用标准化结构及尺寸。第三,尽可能采用新技术、新工艺、新结构和新材料。第四,合理地组织设计和制造过程。第五,力求改善零件的结构工艺性,使其用料少、易加工、易装配。

提高使用经济性指标的主要途径有以下几种:第一,合理地提高机器的机械化和自动化水平,以期提高机器的生产率和产品的质量。第二,选用高效率的传动系统,尽可能减少传动的中间环节,以期降低能源消耗和生产成本。第三,适当地采用防护(如闭式传动、表面防护等)及润滑,以延长机器的使用寿命。第四,采用可靠的密封,减少或消除渗漏现象。

3. 劳动保护和环境保护要求

首先,要使所设计的机器符合劳动保护法规的要求。设计时要按照人机工程学的观点尽可能减少操作手柄的数量,操作手柄及按钮等应放置在便于操作的位置,合理地规定操作时的驱动力,操作方式要符合人们的心理和习惯(例如汽车转向盘向左打,则汽车向左拐弯等)。同时,设置完善的安全防护及保安装置、报警装置、显示装置等,并根据工程美学的原则美化机器的外形及外部色彩,使操作者有一个安全、舒适的环境,不易产生疲劳,这也有助于提高劳动生产率和产品质量。其次,要把环境保护提高到一个重要的位置上。改善机器及操作者周围的环境条件,如降低机器运转时的噪声水平,防止有毒、有害介质的渗漏及对废水、废气和废液进行有效的治理等,以满足环境保护法规对生产环境提出的要求。

4. 寿命与可靠性的要求

任何机器都要求能在一定的寿命下可靠地工作。随着机器的功能越来越先进,结构越来越复杂,发生故障的可能环节也越来越多,机器工作的可靠性受到了越来越大的挑战。在这种情况下,人们除了习惯上对机器的工作寿命有要求外,对其可靠性也明确地提出了要求。机器可靠性的高低是用可靠度来衡量的。机器的可靠度是指在规定的使用时间(寿命)内和预定的环境条件下机器能够正常工作的概率。机器不能正常工作,即机器由于某种故障而不能完成其预定的功能称为失效。已有越来越多的机器设计和生产部门,特别是那些因机器失效将造成巨大损失的部门,例如航空、航天部门,相继规定了在设计时必须对其产品,包括零、部件进行可靠性分析与评估的要求,要求给出产品在工作寿命内可以安全工作的定量说明。在设计时对组成机器的每个零件的可靠性提出要求,采用备用系统,在使用中对机器加强维护和检测等可以提高机器的可靠性。

5. 其他专用要求

对不同的机器,还有一些为该机器所特有的要求。例如:对机床有长期保持精度的要求;对飞机有质量小、飞行阻力小而运载能力大的要求;对流动使用的机器(如钻探机械)有便于安装和拆卸的要求;对大型机器有便于运输的要求等。设计机器时,在满足前述共同的基本要求的前提下,还应着重地满足这些特殊要求,以提高机器的使用性能。

不言而喻,机器的各项要求的满足,是以组成机器的机械零件的正确设计和制造为前提的。亦即零件设计的好坏,将对机器使用性能的优劣起着决定性的作用。

二、构件、零件、部件

(一)构件

组成机构的各个相对运动部分称为构件。构件可以是单一的整体(如活塞),也可以是多个零件组成的刚性结构,如曲轴和齿轮作为一个整体作转动,它们构成一个构件。

构件在机构中具有独立的运动特性,在机械中形成一个运动整体。内燃机中的一个曲柄滑块机构是由活塞、连杆、曲轴和气缸四个构件构成,其中,原动件活塞作直线往复运动,通过连杆带动曲轴作连续转动。

如果只有确定的相对运动,而不能代替人做有用的机械功的构件组合,则称为机构。

(二)零件

1. 零件的概述

概括地说,机械零件可分为两大类:一类是在各种机器中都经常能用到的零件,称为通用零件,如螺钉、齿轮、链轮等;另一类则是在特定类型的机器中才能用到的零件,称为专用零件,如涡轮机的叶片、飞机的螺旋桨、往复式活塞内燃机的曲轴等。另外,还常把由一组协同工作的零件所组成的独立制造或独立装配的组合称为部件,如减速器、离合器等。

应该明确,对于一部机器这个总体来说,一切零件都是它的局部,它们必须受到全局的制约,因而它们在机器中,或按确定的位置相互联接,或按给定的规律做相对运动,共同为完成机器的功能而发挥各自的作用。因此,任何机器的性能都是建立在它的主要零件的性能或某些关键部件的综合性能的基础之上的。由此可知,要想设计出一部很好的机器,必须很好地设计或选择它的零件;而每个零件的设计或选择,又是和整部机器的要求分不开的。

2.机械零件的主要失效形式

(1)整体断裂。零件在受拉、压、弯、剪和扭等外载荷作用时,由于某一危险截面上的应力超过零件的强度极限而发生的断裂,或者零件在受变应力作用时,危险截面上发生的疲劳断裂均属此类。例如螺栓的断裂、齿轮轮齿根部的折断等。

(2)过大的残余变形。如果作用于零件上的应力超过了材料的屈服极限,则零件将产生残余变形。机床上夹持定位零件的过大的残余变形,要降低加工精度;高速转子轴的残余挠曲变形,将增大不平衡度,并进一步引起零件的变形。

(3)零件的表面破坏。零件的表面破坏主要是腐蚀、磨损和接触疲劳。腐蚀是发生在金属表面的一种电化学或化学侵蚀现象,腐蚀的结果是使金属表面产生锈蚀,从而使零件表面遭到破坏。与此同时,对于承受变应力的零件,还有引起腐蚀疲劳的现象。磨损是两个接触表面在做相对运动的过程中表面物质丧失或转移的现象。

腐蚀、磨损和接触疲劳都是随工作时间的延续而逐渐发生的失效形式。处于潮湿空气中或与水、汽及其他腐蚀性介质相接触的金属零件,均有可能发生腐蚀现象;所有做相对运动的零件接触表面都有可能发生磨损;而在接触变应力条件下工作的零件表面也将有可能发生接触疲劳。

(4)破坏正常工作条件引起的失效。有些零件只有在一定的工作条件下才能正常地工作。例如,液体摩擦的滑动轴承,只有在存在完整的润滑油膜时才能正常地工作;带传动和摩擦轮传动,只有在传递的有效圆周力小于临界摩擦力时才能正常地工作;高速转动的零件,只有其转速与转动件系统的固有频率避开一个适当的间隔时才能正常地工作等。

如果破坏了这些必备的条件,则将发生不同类型的失效。例如,滑动轴承将发生过热、胶合、磨损等形式的失效;带传动将发生打滑的失效;高速转子将发生共振从而使振幅增大,以致引起断裂的失效等。

(三)部件

在机械中还把为完成同一使命、彼此协同工作的一系列零件或构件所组成的组合体称为部件,如滚动轴承、联轴器、减速器等。

第二节 机械设计与制造的基本要求与程序

机械设计与制造可以是开发新产品,也可以是改造现有的机械;既可以生产出功能不同的机械,又可以生产出结构不同的机械,但应满足的基本要求大致相同。机械的种类繁多,用途各异,但其设计与制造的程序却差不多。

一、机械设计与制造的基本要求

机械设计是指规划和设计实现预期功能要求的新机械或改进原有机械的性能。

机械产品的功能、成本,在很大程度上取决于设计工作的质量。因此,不论是设计新产品,还是对现有设备进行技术改造,设计人员都必须满怀热情,以认真负责的态度对待设计过程的每一个细节,做周密、细致的思考。

用户希望得到物美价廉的产品。物美价廉是产品获得市场竞争能力、创造经济效益和社会效益的先决条件,也是设计机械产品的基本要求。

尽管机械的类型很多,但设计的基本要求大致相同,主要有以下几个方面:第一,运动与动力性能。为使设计的机械满足使用要求,必须按照给定的运动和动力参数,确定机械的工作原理,并选择或设计合适的机械或机械传动方案。第二,工作可靠。为使机械在预期的工作期间内可靠地工作,防止因零件失效而影响正常工作,零件应满足强度、刚度、耐磨性、耐热性、振动稳定性和寿命等要求。第三,经济性。对于机械设计应最大限度地考虑其经济性,使之降低成本,提高市场竞争力。考虑经济性的要求有:合理选择零件的材料;合理设计零件的结构,使之具有良好的工艺性和适当的精度;加工时的装夹设备简单实用;机械在使用过程中便于维护和保养等。[1] 还应指出,在机械设计中采用标准件,不仅可以简化设计、保证互换性、便于修配,而且有利于保证零件的质量及降低成本。第四,安全性和使用性。在设计机械产品时,必须考虑操作方便,力求改善使用条件和减轻劳动强度。同时注意安全,加强劳动保护。

另外,设计机械产品还要考虑美观,便于搬运和拆卸,保持清洁、不污染环境等要求。

二、机械设计与制造的基本原则

(一)以市场需求为导向的原则

机械设计与制造作为一种生产活动,与市场是紧密联系在一起的。从确定设计项目、使用要求、技术指标、设计与制造工期到拿出总体方案、进行可行性论证、综合效用分析(着眼于实际使用效果的综合分析)、盈亏分析直至具体设计、试制、鉴定、批量生产、产品投放市场后的信息反馈等都是紧紧围绕市场需求来运作的。设计与制造人员要时刻想着如何设计与制造才能使产品具有竞争力,如何才能够占领市场、受到用户青睐。

(二)创造性原则

创造是人类的本质。人类如果不发挥自己的创造性,生产就不能发展,科技就不会进步。设计与制造只有作为创造性活动才具有强大的生命力,因循守旧、不敢创新,只能永远落在别人后面。特别是在当今世界科技飞速发展的情况下,在机械设计与制造中贯彻创造性原则尤为重要。

(三)标准化、系列化、通用化原则

标准化、系列化、通用化简称为"三化"。"三化"是我国现行的一项很

---

[1] 田君,张翠华,杨文敏. 机械设计[M]. 西安:西北工业大学出版社,2015.

重要的技术政策，在机械设计与制造中要认真贯彻执行。

标准化是指将产品（特别是零部件）的质量、规格、性能、结构等方面的技术指标加以统一规定并作为标准来执行。我国的标准已经形成了一个庞大的体系，主要有国家标准、部颁标准、专业标准等。为了与国际接轨，我国的某些标准正在迅速向国际标准靠拢。常见的标准代号有GB、JB、ISO等，它们分别代表中华人民共和国国家标准、机械工业标准、国际标准化组织标准。

系列化是指对同一产品在同一基本结构或基本条件下，规定出若干不同的尺寸系列。

通用化是指在不同种类的产品或不同规格的同类产品中，尽量采用同一结构和尺寸的零部件。

贯彻"三化"的好处主要是：减轻了设计工作量，有利于提高设计质量并缩短生产周期；减少了刀具和量具的规格，便于设计与制造，从而降低其成本；便于组织标准件的规模化、专门化生产，易于保证产品质量、节约材料、降低成本；提高了互换性，便于维修；便于国家的宏观管理与调控以及内、外贸易；便于评价产品质量，解决经济纠纷。

（四）整体优化原则

设计与制造要贯彻"系统论"和优化的思想，要明确：性能最好的机器其内部零件不一定是最好的；性能最好的机器也不一定是效益最好的机器；只要是有利于整体优化，机械部件也可以考虑用电子或其他元器件代替。总之，设计与制造人员要将方案放在大系统中去考察，寻求最优，要从经济、技术、社会效益等各个方面去分析、计算、权衡利弊，尽量使设计与制造效果达到最佳。

（五）联系实际原则

所有的设计与制造都不要脱离实际，设计与制造人员特别要考虑当前的原材料供应情况、企业的生产条件、用户的使用条件等。

（六）人机工程原则

机器是为人服务的，但也是需要人去操作使用的。如何使机器和操作部件适应操作者的要求，人机合一后，投入产出比最高、整体效果最好,这是摆在设计与制造人员面前的一个问题。好的机器或部件一定要符合人机工程学和美学原理。

三、机械设计与制造的一般程序

机械设计与制造一般可分为9个阶段。

(一)明确任务与设计准备阶段

设计任务通常是为实现某种功能(如满足生产要求)而提出的。提出任务时,首先分析利用机械实现功能要求的可能性,然后根据所设计机械的工作要求确定功能范围及各项技术性能指标等,以明确设计任务。

(二)方案设计(或称总体方案设计)

明确了设计的任务后,还需要进一步确定机械的具体参数(性能指标、总体尺寸、重量、适用范围等),并进行总体方案设计。本阶段要解决的主要问题有:机械依靠什么原理完成任务,工作装置、动力装置、传动装置各采用什么方案,这3大装置如何连接、怎样布置,操纵控制它们的装置采用什么方案。总体设计方案的优劣对最后的设计结果影响最大,要反复推敲、科学论证、全面评价、寻求最优。如果经过筛选之后还剩下两个方案难分伯仲,条件允许时可以齐头并进。本阶段的主要成果表现在机械示意图、工作原理图、机构运动简图、传动系统图和对它们的说明中。

(三)技术设计阶段

本阶段就是要将总体方案具体化,主要包括机械的运动设计、动力计算,零部件的材料选择、结构设计和主要零部件的工作能力(主要是强度)计算,绘制各种图样等。此阶段的技术成果有总体设计草图、部件装配草图、零件工作图、部件装配图、总装配图、标准件明细表和有关的设计计算草稿等。在此阶段,由于影响设计质量的因素太多,它们之间又存在相互联系、互相制约的关系,所以具体设计很难一次成功,常常出现设计工作多次反复、不断修正、绘图与计算交叉进行的现象。

(四)整理技术文档阶段

此阶段要编写设计计算说明书、使用说明书,还要整理图样,将全部图样装订成册、编写图样目录。必要时可以将全部技术文档存入计算机硬盘、制成光盘或进行微缩处理。

(五)试制阶段

新产品投入批量生产之前,最好先制造出样机,以便进行性能检验、市场试探、成本核算等。

(六)生产准备阶段

此阶段的工作很多,主要有编制工艺文件、添置生产设备、设计制造工艺装备(工具、量具、夹具等)、采购原材料和外购件(标准件、成品部件、塑料件、电子元器件等)等。

(七)毛坯制造阶段

许多零件需要先制成毛坯再加工成符合图样要求的成品。铸造、锻造、冲压是常用的毛坯制造方法。

(八)零件加工阶段

零件加工阶段是制造的关键阶段。保质保量地将毛坯加工成符合图样要求的零件对整个生产影响很大,对降低成本也是至关重要的。

(九)装配试机阶段

严格按照装配工艺将自制件和外购件组装成整机并调试合格是保证产品性能的最后一关,工艺水平的高低和检测手段先进与否将起到决定性作用。

在整个设计与制造的过程中要注意充分利用计算机的强大功能(如上网查寻、学习与咨询、辅助设计与制造、资料的存储与修改、生产管理、信息传递等),从而提高设计与制造的质量和工作效率,取得最好的效益。

以上程序也不是一成不变的,在工作中,应根据实际情况进行灵活处理。

第三节 机械加工工艺

机械加工工艺规程简称工艺规程,是机械制造工艺学的基本内容之一,规定产品或零件机械加工工艺过程和操作方法等。生产规模的大小、工艺水平的高低以及解决各种工艺问题的方法和手段都要通过机械加工工艺规程来体现。它要求设计者必须具备丰富的生产实践经验和广博的机械制造工艺基础理论知识,而机械加工工艺规程设计是一项重要而又严肃的工作。因此,在具体生产条件下,必须将合理的工艺过程和操作方法按规定的形式制订成工艺文本,最后经审批后用来指导生产并严格贯彻执行。

一、机械加工工艺过程的基本概念

(一)生产过程

生产过程是指从原材料变为成品的劳动过程的总和。它包括原材料的采购和保管,生产准备工作,毛坯制造,零件机械加工和热处理,产品的装配、调试、油封、包装和发运等工作。

根据机械产品复杂程度的不同,其生产过程可以由一个车间或一个工厂完成,也可以由多个车间或多个工厂联合完成。[1]

需要说明的是,原材料和成品是一个相对概念。一个工厂(或车间)的成品可以是另一个工厂的原材料或半成品,或者是本厂内另一个车间的原材料或半成品。例如,铸造车间、锻造车间的成品——铸件、锻件,就是机械加工车间的原材料,而机械加工车间的成品,又是装配车间的原材料。这种生产上的分工,可以使生产趋于专业化、标准化、通用化、系列化,便于组织管理,利于保证质量、提高生产率和降低成本。

(二)工艺过程

生产过程中凡属直接改变生产对象的形状、尺寸、性能和相对位置关

---

[1]李颖,刘忠菊,游洪建. 钳工工艺与技能[M]. 北京:北京理工大学出版社,2016.

系的过程,称为工艺过程。工艺过程是生产过程中的主体。当然,将工艺过程从生产过程中划分出来,只能有条件地划分到一定程度,如在机床上加工一个零件后进行尺寸测量的工作,虽然不直接改变零件的形状、尺寸、性能和相对位置关系,但与加工过程密切相关,因此也应将其列在工艺过程的范畴之内。

工艺过程又可具体分为铸造、锻造、冲压、焊接、机械加工、特种加工、热处理、表面处理和装配等工艺过程。

(三)机械加工工艺过程的组成

零件的机械加工工艺是按一定的顺序逐步进行的,其中的过程往往比较复杂。在工艺过程中,根据被加工零件的结构特点、技术指标,在不同的生产条件下,需要采用不同的加工方法及其设备,并通过一系列加工步骤,才能使毛坯成为零件。为了便于组织生产,合理使用设备和劳动力,以确保加工质量和提高生产效率,机械加工过程由工序、安装、工位和工步等组成。

1. 工序

一个或一组工人在一个工作地对同一个或同时对几个工件所连续完成的那一部分工艺过程称为工序。例如,一个工人在一台车床上完成车外圆、端面、空刀槽、螺纹、切断;一组工人刮研一台机床的导轨;一组工人在对一批零件去毛刺等。

2. 安装

工件在加工前,先要把工件放准。确定工件在机床上或夹具中占有正确位置的过程称为定位。工件定位后将其固定,使其在加工过程中保持定位位置不变的操作称为夹紧。将工件在机床上或夹具中定位、夹紧的过程称为装夹。在一个加工工序中,有时需要对零件进行多次装夹加工,工件经一次装夹后所完成的那一部分加工内容称为安装。

3. 工位

为了完成一定的工序内容,一次装夹工件后,工件与夹具或机床的可移动部分一起相对刀具或机床的固定部分所占据的每一个位子,称为工位。如果一个工序只有一个安装,并且该安装中只有一个工位,则工序内容是安装内容,同时也就是工位内容。

4.工步

一道工序(一次安装或一个工位)中,可能需要加工若干个表面只用一把刀具,也可能虽只加工一个表面,但却要若干把不同刀具。在加工表面和加工工具不变的情况下,所连续完成的那一部工序,称为一个工步。如果上述两项中有一项改变,就成为另一工步。为了提高生产效率,用几把刀具同时加工几个表面的工步称为复合工步。

5.行程

有些工步,由于余量较大或其他原因,需要用同一刀具,对同一表面进行多次切削,这样刀具对工件每切削一次就称为一次行程,也称为一次走刀。

(四)生产类型

生产类型是企业(或车间、工段、班组、工作地)生产专业化程度的分类。一般将其分为单件生产、成批生产和大量生产三种类型。

1.单件生产

在这种生产中,产品的品种很多,同一产品的产量很少,工作地点经常变换,加工对象很少重复。例如,重型机械、专用设备的制造及新产品的试制就是单件生产。

2.成批生产

在这种生产中,各工作地点分批轮流制造几种不同的产品,加工对象周期性重复。一批零件加工完以后,调整加工设备和工艺装备,再加工另一批零件。例如,机床、电机和汽轮机的生产就是成批生产。

根据生产批量大小和产品特征,成批生产又可分为小批生产、中批生产和大批生产三种。小批生产接近单件生产,习惯上合称为单件小批生产;大批生产接近大量生产,习惯上合称为大批大量生产;中批生产介于单件生产和大量生产之间,习惯上成批生产就是指中批生产。生产类型不同,则无论是生产组织、生产管理、车间机床布置,还是在选用毛坯制造方法、机床种类、工具、加工或装配方法以及工人技术要求等方面均有所不同。因此,在制订机器零件的机械加工工艺过程和机器产品的装配工艺过程时,都必须考虑不同生产类型的特点,以取得最大的经济效益。

需要说明的是,随着科技的进步和市场需求的变化,生产类型的划分正在发生深刻的变化。传统的大批大量生产往往不能适应产品及时更新换代的需要,而单件小批生产的生产能力又跟不上市场的急需。因此,各种生产类型都朝着生产过程柔性化的方向发展,多品种中小(变)批量的生产方式已成为当今社会的主流。

3.大量生产

在这种生产中,产品的产量很大,大多数工作地点按照一定的生产节拍重复进行某种零件的某一个加工内容,设备专业化程度很高。例如,汽车、拖拉机、轴承和洗衣机等生产就是大量生产。

二、机械加工工艺规程的制定

(一)机械加工工艺规程及其在生产中的作用

机械加工工艺规程是把工艺过程的有关内容,用文字以表格的形式写成的工艺文件,它是在总结生产实践的基础上,依据工艺理论制定的。

在制定工艺规程时,要注意的问题包括技术上的先进性、经济上的合理性、使用上的安全性。也就是在一定的生产条件下,以最快的速度、最小的工作量和最低的成本,安全可靠地加工出符合图样要求的零件。

工艺过程的确定包括拟定工艺路线和确定各工序的具体内容两部分。前者仅确定各工序的加工方法及顺序,后者则具体规定每个工序的操作内容。最后把确定的内容按照一定的格式编写成工艺文件,即工艺规程(卡片)。

机械加工工艺卡片有机械加工工艺过程卡片、机械加工工序卡片、机械加工工序操作指导卡片、标准零件或典型零件工艺过程卡片、单轴或多轴自动车床调整卡片、检验卡片等。其中最常用的是机械加工工艺过程卡片和机械加工工序卡片。

1.机械加工工艺过程卡片

它是以工序为单位,简要说明产品或零部件加工过程的一种工艺文件。用于说明工序排列顺序、工序内容、生产车间、所用机床、工艺装备及时间定额等。它是制定其他工艺文件的基础,是用于生产管理的依据。

2.机械加工工序卡片

它是在机械加工工艺过程卡片的基础上,按照每道工序所编制的一种工艺文件。一般应具有工序简图,并详细说明该工序每个工步的加工内容、工艺参数、操作要求、所用设备和工艺装备等。工序卡片主要用于大批大量生产中所有的零件,中批生产中复杂产品的关键零件以及单件小批生产中的关键工序。

工艺文件中的工序简图可以清楚直观地表达出本工序的有关内容,其绘制方法如下:第一,可按大概的比例缩小(或放大),并尽可能用较少的视图绘出,视图中与本工序无关的次要结构和线条可略去不画。第二,主视图方向尽量与工件在机床上的装夹方向一致。第三,本工序加工表面用粗实线或红色粗实线表示,其他表面用细实线表示。第四,图中应标注本工序加工后应达到的尺寸(即工序尺寸)及其上下偏差、加工表面粗糙度、形状和位置公差等,有时也用括号注出工件外形尺寸,做参考用。第五,工件的结构、尺寸要与本工序加工后的情况相符,不要将后面工序中才能形成的结构形状在本工序的工序简图中反映出来。第六,图中应使用标准规定的定位、夹紧符号表示出工件的定位及夹紧情况。

(二)制定工艺规程的基本原则及主要依据

1.制定工艺规程的基本原则

加工质量、生产效率、经济性和环保性是制定机械加工工艺规程研究的基本原则,保证加工质量,高效的生产率和低的成本消耗永远是对机械加工工艺规程的基本要求,也是其永恒的任务。加工质量、生产效率和经济性是相互矛盾的,在一定条件下又可统一。如何处理好三者关系,使之成为一个统一体是机械加工工艺过程要研究的纲领性问题。

保证加工质量就是保证所加工的产品满足产品各项性能指标要求,因此质量是首要的、第一性的。特别是市场竞争日益激烈的今天,产品质量就是企业的生命线、生存线。

在保证产品质量的前提下,应该不断地、最大限度地提高生产率,以满足市场对产品时间和数量上的要求。对一个企业来说,生产率也是硬指标。例如,如果企业不能按合同规定交货,不但经济上受到损失,而且信誉上受到影响,更重要的是失去市场,长此以往就会失去生存的环境。在制定机械加工工艺规程时,生产率要满足产量的要求,并在保证产品质量的前提下,尽量提高生产效率。

经济性就是在产品制造过程中,尽可能地节约耗费,减少投资,降低制造成本。显然,在保证产品质量的前提下,经济性和生产率是相矛盾的。生产率要满足市场的要求,在保证市场要求的前提下,应尽可能地降低成本,这样才能占领市场,赢得良好的经济效益。

环保性就是要注意节省能源,有效利用资源、保护环境。环保性是对机械制造提出的新要求,随着人类资源的开发、生活水平的提高、合理地利用资源、保护生存空间是机械制造面临的重要课题。

2.制定工艺规程的主要依据

第一,产品的全套技术文件。包括产品的全套图纸、产品验收的质量标准以及产品的生产纲领。第二,毛坯图及毛坯制造方法。工艺人员应研究毛坯图,了解毛坯余量,结构工艺性以及铸件分型面、浇口、冒口的位置,模锻件的出模斜度、飞边位置等,以便正确选择零件加工时的装夹部位及方法。第三,本厂(车间)的生产条件。即了解工厂的设备、刀具、夹具、量具的性能、规格及精度状况,生产面积,工人的技术水平以及专用设备、工艺装备的制造能力等。第四,各种技术资料。包括有关的手册、标准以及国内外先进的工艺技术资料等。

(三)制定机械加工工艺规程的步骤和内容

在编制工艺规程之前,常常先确定一个工艺原则。工艺原则是按照已明确的生产任务,原则性地确定生产类型和安排工艺过程的基本原则。其内容包括:初步确定生产类型,投产的批量和批次;工艺手段是采用常规工艺,还是采用新工艺或特种工艺;设备是选择通用设备,还是通用设备加上专用设备;组成几条流水线或自动线;对多品种生产是否推行成组技术等。工艺原则制定是否合适,不仅影响工艺水平,也影响产品质量。工艺原则不宜规定得过细,但也必须有一定的内容和深度,以便对工艺规程的编制进行指导。

成组技术是将企业生产的多品种产品和零部件,按照一定的相似性准则进行分类编组,并以这些组为单位组织生产的各个环节,从而实现多品种、中小批生产的设计、制造和生产管理的合理化,从而获得良好的经济效果。

制定零件的机械加工工艺规程的步骤如下:

1.分析研究部件装配图和审查零件图

制定工艺规程时,首先应分析该零件所在部件(总成)的装配图,了解零件在部件中的位置和功用,部件对零件的技术要求。据此找出该零件的关键技术要求,根据零件的结构尺寸和技术要求,找出零件的加工特点。这些都是编制工艺规程的重要依据,同时也起到对零件的结构工艺性进行审查的作用。

首先,分析被加工零件的结构特点。分析被加工零件的结构形状、尺寸、刚度和硬度等,以明确被加工零件的重要工艺特点。如盘套类零件(法兰盘、轴承端盖、盘状齿轮等)的结构特点为:一般长径比小于1,常常带有不大的法兰、凸台或内止口,内孔带有油槽、键槽或花键槽等。其主要工艺特点是:以加工外圆、内孔和端面为主,加工时多以内孔和端面为定位基准。其次,分析零件的各项技术要求。分析零件的哪些表面需要加工,这些加工表面的尺寸、形状和位置精度如何,其表面质量、热处理和平衡等技术要求是否合理。通过分析找出其中主要的技术要求,以便在选择加工方法和拟定工艺路线时给予重点考虑。最后,审查零件的结构工艺性。所谓结构工艺性,是指所设计产品的零、部件的结构在满足使用要求前提下,制造、维修的可能性和经济性。即这些零、部件的结构,在一定的生产条件和满足使用要求的前提下,能否以较高的生产率、较低的成本方便地制造出来的特性。结构工艺性包括毛坯制造、热处理、机械加工、装配和修理的结构工艺性等。

2.毛坯的选择

选择毛坯的基本任务是选定毛坯的制造方法及制造精度。毛坯的选择不仅影响毛坯的制造工艺和费用,而且对零件机械加工工艺、生产率和经济性也有很大的影响。例如,选择高精度的毛坯,可以减少机械加工劳动量和材料消耗,提高机械加工生产率,降低加工成本,但同时也提高了毛坯的费用。因此,选择毛坯要从毛坯制造和机械加工两方面综合考虑,以求得到最佳效果。毛坯的选择主要包括以下几方面的内容。

(1)毛坯种类的选择。毛坯的种类很多,每一种毛坯又有许多不同的制造方法。常用的毛坯主要有以下几种:①型材:按截面形状,型材可分为圆钢、方钢、六角钢、扁钢、角钢、槽钢及其他特殊截面的型材。型材有冷拉和热轧两种。热轧的精度低,价格较冷拉的便宜,用于一般零件的毛坯。冷拉钢尺寸较小,精度高,多用于制造毛坯精度较高的中小型零件。②铸件:铸件适用于形状较复杂的毛坯,其制造方法主要有砂型铸造、金属型铸造、压力铸造、熔模铸造、离心铸造等,较常用的是砂型铸造。当毛坯精度要求低、生产批量较小时,采用木模手工造型法;当毛坯精度要求高、生产批量很大时,采用金属型机器造型法。铸件材料主要有铸铁、铸钢及铜、铝等有色金属。③锻件:锻件适用于强度要求高、形状较简单的毛坯。其锻造方法有自由锻和模锻两种。自由锻毛坯精度低、加工余量大、生产率低,适用于单件小批量生产以及大型零件毛坯。模锻毛坯精度高、加工余量小、生产率高,适用于中批以上生产的中小型零件毛坯。常用的锻造材料为中、低碳钢及低合金钢。④焊接件:焊接件是将型材或钢板等焊接成所需的结构,适用于单件小批生产中制造大型毛坯。它制造简便,生产周期短,但常需经过时效处理消除应力后才能进行机械加工。⑤冷冲压件:冷冲压件毛坯可以非常接近成品要求,在小型机械、仪表、轻工电子产品方面应用广泛。但因冲压模具昂贵而仅用于大批大量生产。

(2)选择毛坯时应考虑的因素。包括:①零件的材料及机械性能要求:由于材料的工艺特性决定了其毛坯的制造方法,当零件的材料选定后,毛坯的类型就大致确定了。例如,材料为灰铸铁的零件必用铸造毛坯;对于重要的钢质零件,为获得良好的力学性能,应选用锻件,在形状较简单及机械性能要求不太高时可用型材毛坯;有色金属零件常用型材或铸造毛坯。②零件的结构、形状与大小:毛坯的形状和尺寸应尽量与零件的形状和尺寸接近;形状复杂和大型零件的毛坯多用铸造;薄壁零件不宜用砂型铸造;板状钢质零件多用锻造;对于轴类零件毛坯,如各台阶直径相差不大,可选用棒料;如各台阶直径相差较大,宜用锻件。对于锻件,尺寸大时可选用自由锻,尺寸小且批量较大时可选用模锻。③生产纲领的大小:大批大量生产时,应选用精度和生产率较高的先进的毛坯制造方法,如模锻、金属型机器造型铸造等。虽然一次投资较大,但生产量大,分摊到每个毛坯上的成本并不高,且此种毛坯制造方法的生产率较高,节省材料,可大大减少机械加工量,降低产品的总成本。单件小批生产时则应选用木模手工造型铸造或自由锻造。④现有生产条件:确定毛坯时,必须结合具体的生产条件,如现场毛坯制造的实际水平和能力、外协的可能性等。⑤充分利用新工艺、新材料:为节约材料和能源,提高机械加工生产率,应充分考虑精炼、精锻、冷轧、冷挤压、粉末冶金和工程塑料等在机械中的应用,这样可大大减少机械加工量,甚至不需要进行加工,提高经济效益。

(3)毛坯形状与尺寸的确定。实现少切屑、无切屑加工是现代机械制造技术的发展趋势之一。但是,由于受毛坯制造技术的限制,加之对零件精度和表面质量的要求越来越高,所以毛坯上的某些表面仍需留有加工余量,以便通过机械加工来达到质量要求。这样毛坯尺寸与零件尺寸就不同,其差值称为毛坯加工余量,毛坯制造尺寸的公差称为毛坯公差。

毛坯余量确定后,将毛坯余量附加在零件相应的加工表面上,即可大致确定毛坯的形状与尺寸。此外,在毛坯制造、机械加工及热处理时,还有许多工艺因素会影响毛坯的形状与尺寸。

下面仅从机械加工工艺的角度分析一下在确定毛坯形状和尺寸时应注意的问题:第一,工艺搭子的设置。为了工件加工时装夹方便,有些毛坯需要铸出工艺搭子,毛坯上为了满足工艺的需要而增设的工艺凸台就是工艺搭子。工艺搭子在零件加工后一般可以保留,当影响到外观和使用性时才予以切除。第二,整体毛坯的采用。装配后需要形成同一工作表面的两个相关零件,为了保证其加工质量和加工方便,常做成整体毛坯,加工到一定阶段再切割分离,如磨床主轴部件中的三瓦轴承、发动机的连杆和车床的开合螺母等零件。第三,合件毛坯的采用。为了提高机械加工生产率,对于许多短小的轴套、键、垫圈和螺母等零件,在选择棒料、钢管及六角钢等为毛坯时,可以将若干个零件的毛坯合制成一件较长的毛坯,待加工到一定阶段后再切割成单个零件。

3.拟定工艺路线

工艺路线的拟定是制定工艺规程的关键,其主要任务是选择各个表面的加工方法和加工方案、确定各个表面的加工顺序以及工序集中与分散等。经过长期的生产实践,人们已总结出一些带有普遍性的工艺设计原则,但在具体拟定工艺路线时,要特别注意根据生产实际灵活应用。

(1)加工阶段的划分。整个工艺过程一般需划分为如下几个阶段:第一,粗加工阶段。这一阶段的主要任务是切去大部分余量,关键问题是提高生产率。第二,半精加工阶段。这一阶段的主要任务是为零件主要表面的精加工做好准备(达到一定的精度和表面粗糙度,留下合适的精加工余量),并完成一些次要表面的加工(如钻孔、攻螺纹、铣键槽等)。第三,精加工阶段。这一阶段的主要任务是保证零件主要加工表面的尺寸精度、形状精度、位置精度及表面粗糙度要求。这是关键的加工阶段,大多数零件的加工经过这一加工阶段就已完成。第四,光整加工阶段。对于零件尺寸精度和表面粗糙度要求很高(IT5、IT6级以上,$Ra \leqslant 0.2\mu m$)的表面,还要安排光整加工阶段。这一阶段的主要任务是提高尺寸精度和减小表面粗糙度,一般不用来纠正位置误差,位置精度由前面的工序保证。

有时,由于毛坯余量特别大,表面特别粗糙,在粗加工前还需要去黑皮的加工阶段,该加工阶段被称为荒加工阶段。为了及时地发现毛坯的缺陷,减少运输工作量,通常把荒加工阶段放在毛坯车间进行。

(2)工序集中与工序分散的选择。确定零件上所需加工表面的加工方案并划分加工阶段以后,需将各加工表面按不同加工阶段组合成若干个工序,拟定出整个加工路线。

组合工序时有工序集中和工序分散两种方式。工序集中就是将工件的加工集中在少数几道工序内完成。每道工序的加工内容较多。工序集中又可分为采用技术措施集中的机械集中（如采用多刀、多刃、多轴机床或数控机床加工等）和采用人为组织措施集中的组织集中（如在普通车床上的顺序加工）；工序分散则是将工件的加工分散在较多的工序内完成。每道工序的加工内容很少，有时甚至每道工序只有一个工步。

工序集中的特点主要有以下几点：第一，便于采用高效率的专用设备和工艺装备，生产效率高。第二，减少了装夹次数，易于保证各表面间的相互位置精度，还能缩短辅助时间。第三，工序数目少，机床数量、操作工人数量和生产面积都可减少，节省人力、物力，还可简化生产计划和组织工作。第四，工序集中所需设备和工艺装备结构复杂，调整、维修困难，投资大，生产准备工作量大。

工序分散的特点主要有以下几点：第一，设备和工艺装备简单，调整方便，工人便于掌握，容易适应产品的变换。第二，可以采用最合理的切削用量，减少基本时间。第三，对操作工人的技术水平要求较低。第四，设备和工艺装备数量多，操作工人多，生产占地面积大。

工序集中与工序分散各有特点，应根据生产类型、零件的结构和技术要求、现有生产条件等综合分析后选用。

大批量生产时，若使用多刀、多轴的自动或半自动高效机床、加工中心，则可按工序集中原则组织生产；若使用由专用机床和专用工装组成的生产线，则应按工序分散的原则组织生产，这有利于专用设备和专用工装的结构简化和按节拍组织流水生产。单件小批生产则在通用机床上按工序集中原则组织生产。成批生产时两种原则均可采用，具体采用何种为佳，则需视其他条件（零件的技术要求、工厂的生产条件等）而定。

对于重型零件，为了减少工件装卸和运输的劳动量，工序应适当集中；对于刚性差且精度高的精密工件，工序应适当分散。

从发展趋势来看，由于工序集中的优点较多以及数控机床、柔性制造单元和柔性制造系统等的发展，现代生产倾向于采用工序集中的方法来组织生产。

(3)加工工序的确定。复杂零件的机械加工要经过一系列切削加工、热处理和辅助工序。因此,在拟定工艺路线时,工艺人员要全面地把切削加工、热处理和辅助工序三者结合起来加以考虑。

4.确定各工序的具体内容及编写工艺文件

第一,确定各工序所用的设备及工艺装备。第二,确定各工序的加工余量,计算工序尺寸及公差。第三,确定各工序的切削用量和时间定额。第四,确定有关工序的技术要求及检验方法。第五,编写工艺文件。

第二章 机械制造装备设计

第一节 机械制造装备概述

机械制造过程是一个十分复杂的生产过程,所使用装备的类型很多,总体上可划分为加工装备、工艺装备、储运装备和辅助装备四大类。机械制造装备的基本功能是保证加工工艺的实施,节能、降耗、优化工艺过程,并使被加工对象达到预期的功能和质量要求。[①]

一、机械装备制造业

(一)机械装备制造业概述

机械装备制造业是为国民经济各部门进行简单再生产和扩大再生产提供生产工具的各制造业的总称,被誉为"母体"工业。主要包括金属制品、通用设备、专用设备、交通运输、武器弹药、电气机械及器材、通信设备计算机及其他电子、仪器仪表及文化办公机械制造业八大类,其中又以通用设备、专用设备、交通运输、电气机械及器材、通信设备计算机这五大行业为重要组成部分。

按照装备的功能和重要程度,机械装备制造业主要包括以下内容:第一,重大、先进的基础机械,即用于制造装备的装备——工作母机,主要包括数控机床、柔性制造系统、工业机器人、大规模集成电路及电子制造设备、计算机集成制造系统等。第二,重要的电子、机械基础件,主要是先进的液压、气动、轴承、密封、模具、刀具、低压电器、微电子和电力电子器件、仪器仪表及自动化控制系统等。第三,国民经济各部门所需要的

---

①欧盛群. 装配钳工的工艺探讨[J]. 科技风, 2017, (5):165.

重大成套技术装备,如矿山的露天开采设备;大型发电(如水电、火电、核电等)成套设备,超高压交、直流输变电成套设备;石油、化工成套设备;金属冶炼轧制成套设备;飞机、高铁、城市轨道交通、汽车、船舶等先进交通运输设备;航空航天装备;先进的大型军事装备;先进的农业机械成套设备;大型科研仪器和医疗装备;还有大型环保设备、隧道挖掘、江河治理以及输水输气等大型工程设备等。

(二)机械装备制造业在国民经济中的地位

1.机械装备制造业是国民经济发展的基础性产业

机械装备制造业为各行业提供现代化设备,从农业生产的机械化到国防使用的武器装备,各行各业都离不开装备制造业。机械制造业的生产能力和发展水平标志着一个国家或地区国民经济现代化的程度,而机械制造业的生产能力主要取决于机械制造装备的先进程度。

2.机械装备制造业是高新技术产业化的基本载体

纵观世界工业化的发展历史,众多的科技成果都孕育于制造业的发展之中。机械装备制造业也是科技手段的提供者,科学技术与制造业相伴成长。20世纪兴起的核技术、空间技术、信息技术、生物医学技术等高新技术,无一不是通过机械制造业的发展而产生并转化为规模生产力的。其直接结果是导致诸如集成电路、计算机、移动通信设备、互联网、机器人、核电站、航天飞机等产品相继问世,并由此形成了机械制造业中的高新技术产业。

3.机械装备制造业是高就业、低能(资)源消耗、高附加值产业

机械装备制造业不仅可以直接吸纳大量劳动力,同时装备制造业前后关联度较高,对装备制造业投入也可带动其他产业的发展,增加相关产业的就业人数。装备制造业作为技术密集工业,万元产值消耗的能源和资源在重工业中也是最低的。装备制造业是技术密集产业,产品技术含量高,附加值高。随着装备制造业不断吸纳高新技术以及信息技术、软件技术和先进制造技术在装备制造业中的普及应用,先进的装备制造业中将有更多的产业进入高技术产业范畴。

4.机械装备制造业是国家安全的重要保障

现代战争已进入"高技术战争"的时代,武器装备的较量在很大意义上就是制造技术水平的较量。没有精良的装备、强大的装备制造业,一个国家不仅不会有军事和政治上的安全保障,而且经济和文化上的安全也会受到威胁。

总之,制造业是实现工业化的根本,是实现现代化的原动力,是国家实力的重要支柱。如果一个国家没有强大的制造能力,就永远成不了经济强国。装备制造业处于工业的核心地位,担负着为国民经济发展和国防建设提供技术装备的重任,是工业化国家的主导产业。装备制造业承担着为国民经济各部门提供工作母机、带动相关产业发展的重任,可以说它是工业的心脏和国民经济的生命线,是支撑综合国力的重要基石,一个国家的制造业水平完全取决于装备的水平。

二、机械制造装备类型

(一)加工装备

加工装备是机械制造装备的主体和核心,是采用机械制造方法制作机器零件或毛坯的机器设备,又称为机床或工作母机。机床的类型很多,除了金属切削机床之外,还有特种加工机床、锻压机床、冲压机床、注塑机、快速成型机、焊接设备、铸造设备等。

1.金属切削机床

金属切削机床是采用切削、特种加工等方法,主要用于加工金属,使之获得所要求的几何形状、尺寸精度和表面质量的机器。机床可获得较高的精度和表面质量,完成40%~60%以上的加工工作量。

为了使设计、制造及管理部门对机床品种有计划地发展和管理,便于用户的订货和管理,需要规范机床型号,我国现行的《金属切削机床型号编制方法》,适用于各类通用、专门化及专用机床(组合机床另有规定)。机床型号是由类代号、组系代号、主参数以及特性代号等组成。其中特性代号包括高精度(G)、精密(M)、自动(Z)、半自动(B)、数控(K)、加工中心(自动换刀H)、仿形(F)、轻型(Q)、加重型(C)和简式(J)等。

数控机床是计算机技术、微电子技术、先进的机床设计与制造技术相结合的产物,适应产品的精密、复杂和小批量的特点,是一种高效高柔性的自动化机床,代表了金属切削机床的发展方向。加工中心又称自动换刀数控机床,它是具有刀库和自动换刀装置,能够自动更换刀具,对一次装夹的工件进行多工位、多工序加工的数控机床。

金属切削机床品种繁多,为了便于区别、使用和管理,需从不同角度对其进行分类。

(1)按机床工作原理和结构性能特点分类。我国把机床划分为车床、钻床、镗床、磨床、齿轮加工机床、螺纹加工机床、铣床、刨插床、拉床、特种加工机床、切断机床和其他机床等12大类。

(2)按机床使用范围分类。第一,通用机床(又称万能机床)。可加工多种工件,完成多种工序,是使用范围较广的机床,如万能卧式车床、万能升降台铣床等。这类机床的通用程度较高,结构较复杂,主要用于单件、小批量生产。第二,专用机床。用于加工特定工件的特定工序的机床,如主轴箱的专用镗床。这类机床是根据特定工艺要求专门设计、制造与使用的,因此生产率很高,结构简单,适于大批量生产。组合机床是以通用部件为基础,配以少量专用部件组合而成的一种特殊形式的专用机床。第三,专门化机床(又称专业机床)。用于加工形状相似、尺寸不同工件的特定工序的机床。这类机床的特点介于通用机床与专用机床之间,既有加工尺寸的通用性,又有加工工序的专用性,如精密丝杠车床、凸轮轴车床等,生产率较高,适于成批生产。

(3)按机床精度分类。同一种机床按其精度和性能,又可分为普通机床、精密机床和高精度机床。

此外,按照机床质量(习惯称重量)大小又可分为仪表机床、中型机床、大型机床、重型机床和超重型机床等。

2.特种加工机床

为满足国防和高新科技领域的需要,许多产品朝着高精度、高速度、高温、高压、大功率和小型化方向发展。采用特种加工技术,可使用全新的工艺方法,解决上述用常规加工手段难以甚至无法解决的许多工艺难题,例如大面积镜面加工、深孔甚至弯孔加工、脆硬难切削材料加工和微细加工等。特种加工机床近年来发展很快,按其加工原理可分成电加工、超声波加工、激光加工、电子束加工、离子束加工和水射流加工等机床。

(1)电加工机床。直接利用电能对工件进行加工的机床,统称电加工机床。一般仅指电火花加工机床、电火花线切割机床和电解加工机床。电火花加工机床是利用工具电极与工件之间的脉冲放电现象从工件上去除微粒材料达到加工要求的机床,主要用于加工硬的导电金属,如淬火钢、硬质合金等。按工具电极的形状和电极是否旋转,电火花加工可进行成形穿孔加工、电火花成形加工、电火花雕刻、电火花展成加工、电火花磨削等;电火花线切割机床是利用一根移动的金属丝作电极,在金属丝和工件间通过脉冲放电,并浇上液体介质,使之产生放电腐蚀而进行切割加工的机床。当放置工件的工作台在水平面内按预定轨迹移动时,工件便可切割出所需要的形状。如金属丝在垂直其移动方向的平面内不与铅直线平行,可切出上下截面不同的工件;电解加工机床是利用金属在直流电流作用下,在电解液中产生阳极溶解的原理对工件进行加工的机床,电解加工又称电化学加工。加工时,工件与工具分别接电源的正负极,两者相对缓慢进给,并始终保持一定的间隙,让具有一定压力的电解液连续从间隙中流过,将工件上的被溶解物带走,使工件逐渐按工具的形状被加工成形。采用机械的方法,如砂轮去除工件上的被溶解物,称阳极机械加工。

(2)超声波加工机床。利用超声波能量对材料进行机械加工的设备称为超声波加工机床。加工时工具作超声振动,并以一定的静压力压在工件上,工件与工具间引入磨料悬浮液。在振动工具的作用下,磨粒对工件材料进行冲击和挤压,加上空化爆炸作用将材料切除。超声波加工适用于特硬材料,如石英、陶瓷、水晶、玻璃等材料的孔加工、套料、切割、雕刻、研磨和超声电加工等复合加工。

(3)激光加工机床。采用激光能量进行加工的设备统称为激光加工机床。激光是一种高强度、方向性好、单色性好的相干光。利用激光的极高能量密度产生的上万摄氏度高温聚焦在工件上,使工件被照射的局部在瞬间急剧熔化和蒸发,并产生强烈的冲击波,使熔化的物质爆炸式地喷射出来以改变工件的形状。激光加工可以用于所有金属和非金属材料,特别适合于加工微小孔($\varphi 0.01 \sim \varphi 1mm$ 或更小)和材料切割(切缝宽度一般为 $0.1 \sim 0.5mm$)。常用于加工金刚石拉丝模、钟表的宝石轴承、陶瓷、玻璃等非金属材料和硬质合金、不锈钢等金属材料的小孔加工及切割加工。

（4）电子束加工机床。电子束加工是指在真空条件下,由阴极发射出的电子流为带高电位的阳极吸引,在飞向阳极的过程中,经过聚焦、偏转和加速,最后以高速和细束状轰击被加工工件的一定部位,在几分之一秒内,将其99%以上的能量转化成热能,使工件上被轰击的局部材料在瞬间熔化、汽化和蒸发,以完成工件的加工。常用于穿孔、切割、蚀刻、焊接、蒸镀、注入和熔炼等。此外,利用低能电子束对某些物质的化学作用,进行镀膜和曝光,也属于电子束加工。电子束加工机床就是利用电子束的上述特性进行加工的装备。

（5）离子束加工机床。在电场作用下,将正离子从离子源出口孔"引出",在真空条件下,将其聚焦、偏转和加速,并以大能量细束状轰击被加工部位,引起工件材料的变形与分离,或使靶材离子沉积到工件表面上,或使杂质离子射入工件内,对工件进行穿孔、切割、铣削、成像、抛光、蚀刻、清洗、溅射、注入和蒸镀等,统称为离子束加工。离子束加工机床就是利用离子束的上述特性进行加工的装备。

（6）水射流加工机床。水射流加工是利用具有很高速度的细水柱或掺有磨料的细水柱,冲击工件的被加工部位,使被加工部位上的材料被剥离的加工方法。随着工件与水柱间的相对移动,切割出符合要求的形状。常用于切割某些难切削材料,如陶瓷、硬质合金、高速钢、模具钢、淬火钢、白口铸铁、耐热合金、某些复合材料等。

3. 锻压机床

锻压机床是利用金属塑性变形进行加工的一种无屑加工设备,主要包括锻造机、冲压机、挤压机和轧制机四大类。锻造机是使坯料在工具的冲击力或静压力作用下成型,并使其性能和金相组织符合一定要求。

按成型的方法可分为自由锻造、胎模锻造、模型锻造和特种锻造，按锻造温度不同可分为热锻、温锻和冷锻；冲压机是借助模具对板料施加外力，迫使材料按模具形状、尺寸进行剪裁或变形。按加工时温度的不同，可分为冷冲压和热冲压。冲压工艺具有省工、省料和生产率高的突出优点；挤压机是借助于凸模将放在凹模内的金属材料挤压成形，根据挤压时温度不同，可分为冷挤压、温挤压和热挤压。挤压成形有利于低塑性材料成形，与模锻相比，不仅生产率高，节省材料，而且可获得较高的精度；轧制机是使金属材料在旋转轧辊的作用下变形，根据轧制温度可分为热轧和冷轧。轧制方式可分为纵轧、横轧和斜轧。

(二)工艺装备

工艺装备是产品制造过程中所用各种工具的总称，包括刀具、夹具、模具、测量器具和辅具等，它们是贯彻工艺规程、保证产品质量和提高生产率等的重要技术手段。

1. 刀具

切削加工时，从工件上切除多余材料所用的工具，称之为刀具。刀具的种类很多，如车刀、刨刀、铣刀、钻头、丝锥、齿轮滚刀等。大部分刀具已标准化，由刀具制造厂大批量生产，不需自行设计。

2. 夹具

夹具是安装在机床上，用于定位和夹紧工件的工艺装备，以保证加工时的定位精度、被加工面之间的相对位置精度，有利于工艺规程的贯彻和生产效率的提高。夹具一般由定位机构、夹紧机构、刀具导向装置、工件推入和取出导向装置以及夹具体等构成。按夹具安装所用机床可分为车床夹具、铣床夹具、刨床夹具、钻床夹具、镗床夹具和磨床夹具等。按夹具专用化程度可分为专用夹具、成组夹具和组合夹具等。

3. 测量器具

测量器具是以直接或间接方法测出被测对象量值的工具、仪器及仪表等，简称量具和量仪。可分为通用量具、专用量具和组合测量仪等。通用量具是标准化、系列化和商品化的量具，如千分尺、千分表、量块以及光学、气动和电动量仪等。专用量具是专门用于特定零件的特定尺寸而设计的,如量规、样板等,某些专用量规通常会在一定范围内具有通用性。组合测量仪可同时对多个尺寸测量,有时还能进行计算、比较和显示,一般用于专用量具,或在一定范围内通用。数控机床的应用大大简化了生产加工中的测量工作,减少了专用量具的设计、制造与使用;测试技术与计算机技术的发展,使得许多传统量具向数字化和智能化方向发展,适应了现代生产技术的发展。

4. 模具

模具是用以限定生产对象的形状和尺寸的装置。按填充方法和填充材料的不同,可分为粉末冶金模具、塑料模具、压铸模具、冲压模具和锻压模具等。数控技术和特种加工技术的发展,促进了模具制造技术的发展,促进了少切削、无切削技术在生产制造中的广泛应用。

(三)储运装备

物料储运装备是生产系统必不可少的装备,对企业生产的布局、运行与管理等有着直接影响。物料储运装备主要包括物料运输装置、机床上下料装置、刀具输送设备以及各级仓库及其设备。

1. 物料运输装置

物料运输主要指坯料、半成品及成品在车间内各工作站(或单元)间的输送,以满足流水生产线或自动生产线的要求,主要有传送装置和自动运输小车两大类。

传送装置的类型很多,如由辊轴构成流动滑道,靠重力或人工实现物料输送;由刚性推杆推动工件做同步运动的步进式输送带;在两工位间输送工件的输送机械手;链式输送机带动工件或随行夹具做非同步输送等。用于自动线中的传送装置要求工作可靠、定位精度高、输送速度快、能方便地与自动线的工作协调等。

与传送装置相比,自动运输小车具有较大的柔性,通过计算机控制,可方便地改变输送路线及节拍,主要用于柔性制造系统中。可分为有轨和无轨两大类,前者载重量大,控制方便,定位精度高,但一般用于近距离直线输送;后者一般靠埋入地下的制导电缆等进行电磁制导,也采用激光制导等方式,输送线路控制灵活。

2.机床上下料装置

将坯料送至机床的加工位置的装置称为上料装置,加工完毕后将工件从机床上取走的装置称为下料装置,它们能缩短上下料时间,减轻工人劳动强度。

机床上下料装置类型很多,有料仓式和料斗式上料装置、上下料机械手等。在柔性制造系统中,对于小型工件,常采用上下料机械手或机器人,大型复杂工件采用可交换工作台进行自动上下料。

(1)刀具输送设备。在柔性制造系统中,必须有完备的刀具准备与输送系统,完成包括刀具准备、测量、输送及重磨刀具回收等工作,刀具输送常采用传输链、机械手等,也可采用自动运输小车对备用刀库等进行输送。

(2)仓储装备。机械制造生产中离不开不同级别的仓库及其装备。仓库是用来存储原材料、外购器材、半成品、成品、工具、夹具等,分别进行厂级或车间级管理。现代化的仓储装备不仅要求布局合理,而且要求有较高的机械化程度,减轻劳动强度。采用计算机管理,能与企业生产管理信息系统进行数据交换,能控制合理的库存量等。

自动化立体仓库是一种现代化的仓储设备,具有布置灵活、占地面积小、方便计算机控制与管理等优点,具有良好的发展前景。

(四)辅助装备

辅助装备则包括清洗机和排屑装置等设备。清洗机是用来清洗工件表面尘屑油污的机械设备。所有零件在装配前均需经过清洗,以保证装配质量和使用寿命。清洗液常用3%~10%的苏打或氢氧化钠水溶液,加热到80~90℃,采用浸洗、喷洗、气相清洗和超声波清洗等方法。在自动装配线中,采用分槽多步式清洗生产线,完成工件的自动清洗;排屑装置用于自动机床或自动线上,从加工区域将切屑清除,传送到机外或线外的集屑器内。清除切屑的装置常用离心力、压缩空气、电磁或真空、切削液冲刷等方法。输屑装置则有带式、螺旋式和刮板式多种。

第二节 机械制造装备设计的要求及过程

要设计(或改进设计)及制造出性能优良、结构简单、使用方便的机械制造装备,必须满足一定的基本要求。各种机械制造装备的设计虽在细节上存在差别,但大体可归纳为相同的几个步骤。

一、机械制造装备设计的基本要求

(一)功能

机械制造装备是用来完成一定作业要求的,须满足其作业功能(能干什么)和作业空间(尺寸范围)。作业功能是通过装备的运动功能实现的,作业空间是由运动行程范围决定的。专用机械制造装备只能完成一个或几个特定工件工序的加工,作业对象范围较窄,相应的功能较少,结构较简单,容易实现自动化,单机生产效率较高,适用于大批量生产;通用机械制造装备的作业范围较宽,功能较多,使用范围更广。因其功能的增加,结构复杂程度随之增加,将导致制造难度、制造周期、制造成本相应提高,故其适用于单件小批量生产。设计时必须进行充分调研,做出合理判断。[1]

(二)精密化

随着科学技术的发展和市场竞争的加剧,对产品性能的要求越来越苛刻,对其制造精度的要求越来越高。为此,机械制造装备必须向精密化方向发展,全面采取提高精度的技术措施。一方面全面提高零件的加工精度,压缩零件的制造公差;另一方面要采用高精度的装置,如滚珠丝杠、滚动导轨等,同时还要采取各种误差补偿技术,以便提高其几何精度、传动精度、运动精度、定位精度。为了保证在高速、高负荷下保持加工精度,必须提高机械制造装备的刚度、抗振性以及低温升和热稳定性。为了提高精度保持性和工作可靠性,还必须重视零件的选材和热处理,

---

[1]吴继才.装配钳工[J].经济技术协作信息,2016,(20):67.

以便提高相对运动表面的硬度、减少磨损,同时还要优化运动部件间的间隙,合理润滑和密封,适应自动化和智能化控制的要求。

(三)高效化

不断提高生产效率,一直是机械制造装备设计所追求的目标。生产率通常是指在单位时间内机床、加工单元或生产线所能加工的工件数量,为此必须缩短加工一个工件的平均总时间,其中包括缩短切削加工时间、辅助时间以及分摊到每个工件上的准备时间和结束时间。为了提高切削速度、缩短切削时间,必须采用先进刀具,提高机床及有关装备的强度、刚度,高速运转平稳性、抗振性、切削稳定性等性能,适应高效化的要求;同时在自动化加工的前提下,提高空行程及调整运动速度、将加工时间与辅助时间相重合,采用自动测量技术和数字显示技术等,缩短辅助时间。此外,采用适应控制和智能控制也是提高高效化水平的有效措施。

(四)柔性自动化

机械制造装备实现自动化,可以减少加工过程的人工干预,可以保证加工质量及其稳定性,同时提高加工生产率和减轻工人劳动强度。机械加工自动化有全自动化和半自动化之分,全自动化是指能自动完成上料、下料和加工循环的全过程,半自动化加工中的上下料需人工完成。

实现自动化控制和运行的方法可分为刚性自动化和柔性自动化两类。刚性自动化是指传统的凸轮和挡块控制,工件发生改变时必须重新设计凸轮及调整挡块,调整困难,因此只能适合于传统的大批量生产,已逐渐被现代化的柔性自动化技术所代替。柔性自动化是由计算机控制的生产自动化,主要有可编程逻辑控制(主要用于形状简单的零件加工控制和生产过程控制)和计算机数字控制(用于复杂形状零件的加工控制和复杂的生产过程控制)。计算机数字控制与可编程逻辑控制相结合,实现了单件小批量生产的柔性自动化控制。如数控机床、加工中心、计算机直接数控、柔性制造单元和柔性制造系统以及计算机集成制造,使柔性自动化技术不断向前发展,正在改变着机械制造行业生产自动化的面貌。

在计算机数字控制的基础上,生产自动化技术不断向着智能化方向发展。适应控制能在数控机床上根据实际工作条件(如切削力、变形、振动等)的变化,及时自动地改变切削用量(切削速度、背吃刀量和进给速度),使加工过程处于最佳状态,实现最优化加工精度控制或最优化生产率控制。

(五)机电一体化

为了实现机械制造装备的精密化、高效化和柔性自动化,其构成上必须是机电一体化,即实现机械技术,包括机械结构与传动、流体传动、电气传动同微电子技术和计算机技术等有机结合、整体优化,充分发挥各自的特点,组成一个最佳的技术系统,使得机械制造装备进一步减小体积、简化结构、节约原材料,提高传动效率以及可靠性。

(六)结构模块化

为了适应机电产品更新换代周期加快的要求,机械制造装备也要加快更新换代周期,不断推出新产品,满足市场不断变化的需求,为此必须采用先进的设计技术,提高设计效率与质量。在众多先进设计技术中,模块化设计技术显得尤为重要。一方面,通过不同模块的组合,可以快速获得不同性能的众多产品,最大限度地增加产品类型、降低生产成本,缩短新产品设计与制造周期,满足市场需求;另一方面,可方便地对结构模块进行更新,加快机械制造装备的更新换代。实践表明,绝大多数成功的机械制造装备产品,大多采用模块化结构。

(七)装备与技术配套化

我国的机械制造装备的制造企业必须改变过去只注重提供单机的状况,应向提供配套装备与相关技术的方向发展,包括配套的机床与相关的工艺装备和物料储运装备,还应进一步提供包括生产组织、工艺方法及工艺参数在内的全套加工技术,真正在机械制造行业中起到"总工艺师"的作用。

(八)符合工业工程要求

工业工程是通过生产技术与管理的有机结合,对由人员、物料、设备、能源和信息所组成的系统进行设计、改善和实施的一门综合科学。现代工业工程充分应用计算机、运筹学和系统工程等先进技术,能采用定量分析方法,科学、准确地对大型生产系统进行设计与分析,对其工作效率和成本等进行全面优化。

产品设计要符合工业工程的要求,其内容包括在产品开发阶段,要充分考虑产品的结构工艺性、提高标准化和通用化水平;采用最佳工艺方案、选择合理的制造装备,尽可能地减少原材料及能源消耗;合理进行机械制造装备的总体布局,优化操作步骤和方法,提高工作效率,同时减轻体力劳动;对市场和消费者进行调查研究,保证产品正确的质量标准,减少因质量标准制定得过高而造成的不必要浪费等。

(九)符合绿色工程要求

绿色工程是一个注重环境保护、节约资源、保证可持续发展的工程。根据绿色工程要求,企业必须纠正过去那种不惜牺牲环境和消耗资源来增加产出的错误做法,使经济发展更多地与地球资源与承受能力达到有机协调。按绿色工程要求设计的产品称为绿色产品,绿色产品设计在充分考虑产品功能、质量、开发周期和成本的同时,优化各有关设计要素,使产品在从设计、制造、包装、运输、使用到报废处理的整个生命周期中,对环境影响最小,资源利用效率最高。

绿色产品设计中应考虑的问题很多,如产品材料的选择应无毒、无污染、易回收、易降解、可重用;产品制造过程应充分考虑对环境的保护、资源回收、废弃物的再生和处理、原材料的再循环、零部件的再利用等。原材料再循环的成本一般较高,应考虑经济上、结构上和工艺上的可行性。为了使零部件能再利用,应通过改变材料、结构布局以及零部件的连接方式等改善和实现产品拆卸的方便性和经济性。

二、机械制造装备设计的过程

(一)产品规划阶段

市场对产品的需求是动态变化的,但企业的产品生产在一段时间内应是相对稳定的。这是因为产品开发过程需要一段时间,生产工艺和生产设备在一段时间内也需要相对稳定。为了协调企业生产要求相对稳定和市场需求瞬息万变间的矛盾,在产品设计前必须进行产品规划,确定新产品的功能、技术性能和开发的日程表,保证符合市场需求的产品能及时,或适当超前地研制出来,投放市场,以减少产品开发的盲目性。

产品规划阶段的任务是明确设计任务,通常应在市场调查与预测的基础上识别产品需求,进行可行性分析,制订设计技术任务书。

在产品规划阶段将综合运用技术预测、市场学、信息学等理论和方法来解决设计中出现的问题。

1. 需求分析

产品设计是为了满足市场的需求,而市场的需求往往是不具体的,有时是模糊的、潜在的,甚至是不可能实现的。需求分析的任务是使这些需求具体化和恰到好处,明确设计任务的要求。需求分析本身就是设计工作的一部分,是设计工作的开始,而且自始至终指导设计工作的进行。

开发新产品最困难的往往不是技术问题,而是确定需要开发什么样的产品,它往往比从技术上找到满足需求的措施更为棘手。识别需求是一个创造性的过程。只有细心观察、不满足现状,才能发现新的需求,尤其是发现那些社会尚没有注意到的潜在需求。有的新产品技术水平不见得很高,由于满足市场需求,有非常好的销路;反之,有的新产品在设计中尽管采用了许多先进技术,功能完备,但由于需求分析没有做好,就不一定受到市场欢迎。因此设计人员必须重视需求分析,用敏锐的观察力,及时找到和预测市场的需求,并在市场大量需求到来之前完成新产品的研制工作,抢先投放市场,以取得丰厚的回报。

需求分析一般包括对销售市场和原材料市场的分析,如:第一,新产品开发面向的社会消费群体,他们对产品功能、技术性能、质量、数量、价格等方面的要求。第二,现有类似产品的功能、技术性能、价格、市场占有情况和发展趋势。第三,竞争对手在技术、经济方面的优势和劣势及发展趋势。第四,主要原材料、配件、半成品等的供应情况、价格及变化趋势等。

2. 调查研究

调查研究包括市场调研、技术调研和社会环境调研三部分。

(1)市场调研。市场调研一般从以下几方面进行调研:第一,用户需求。有关产品功能、性能、质量、使用、保养、维修、外观、颜色、风格、需求量和价格等方面的要求。第二,产品情况。产品在其生命周期曲线中的位置,新老产品交替的动向分析等。第三,同行情况。同行产品经营销售情况和发展趋势,本企业产品的市场占有率与差距,主要竞争对手在技术、经济方面的优势和劣势及发展趋势。第四,供应情况。主要原材料、配件、半成品的质量、品种、价格、供应等方面的情况及变化趋势。

(2)技术调研。技术调研一般包括产品技术的现状及发展趋势;行业技术和专业技术的发展趋势;新型元器件、新材料、新工艺的应用和发展动态;竞争产品的技术特点分析;竞争企业的新产品开发动向;环境对研制的产品提出的要求,如使用环境的空气、湿度、有害物质和粉尘等对产品的要求;为保证产品的正常运转,研制的产品对环境提出的要求等。

(3)社会调研。社会调研一般包括企业目标市场所处的社会环境和有关的经济技术政策,如产业发展政策、投资动向、环境保护及安全等方面的法律、规定和标准;社会的风俗习惯;社会人员的构成状况、消费水平、消费心理和购买能力;本企业实际情况、发展动向、优势和不足、发展潜力等。

3. 预测

预测分为定性预测和定量预测两部分。其中,定性预测是指在数据和信息缺乏时,依靠经验和综合分析能力对未来的发展状况做出推测和估计。采用的方法有走访调查、资料查阅、抽样调查、类比调查、专家调查等;定量预测是对影响预测结果的各种因素进行相关分析和筛选,根据主要影响因素和预测对象的数量关系建立数学模型,对市场发展情况做出定量预测。采用的方法有时间序列回归法、因果关系回归法、产品寿命周期法等。

4. 可行性分析

通过调查研究与预测后,对产品开发中的重大问题应进行充分的技术经济论证,判断是否可行,即进行产品设计的可行性分析。可行性分析目前已发展为一整套系统的科学方法,是进行新产品立项必不可少的一项依据。

可行性分析一般包括技术分析、经济分析和社会分析三个方面。技术分析是对开发产品可能遇到的主要关键技术问题做全面的分析,提出解决这些关键技术问题的措施;通过经济分析,应力求新产品投产后能以最少的人力、物力和财力消耗得到满意的功能,取得较好的经济效益;社会分析是分析开发的产品对社会和环境的影响。

经过技术、经济、社会等方面的分析和对开发可能性的研究,应提出产品开发的可行性报告。可行性报告一般包括如下内容:第一,产品开发的必要性,市场调查及预测情况,包括用户对产品功能、用途、质量、使用维护、外观、价格等方面的要求。第二,同类产品国内外技术水平,发展趋势。第三,从技术上预期产品开发能达到的技术水平。第四,设计、工艺和质量等方面需要解决的关键技术问题。第五,投资费用及开发时间进度,经济效益和社会效益估计。第六,在现有条件下开发的可能性及准备采取的措施。

5.编制设计任务书

经过可行性分析后,应确定待设计产品的设计要求和设计参数,编制"设计要求表"。在"设计要求表"内要列出必达要求和希望达到的要求。表中所列的各项要求应排出重要程度的名次,作为对设计进行评价时确定加权系数的依据。各项要求应尽可能用数值来描述其技术指标。

在上述基础上,结合本厂的技术经济和装备实际情况,编制产品的设计任务书。产品设计任务书是指导产品设计的基础性文件,其主要任务是对产品进行选型,确定最佳设计方针。在设计任务书内,应说明设计该产品的必要性和现实意义、产品的用途描述、设计所需要的全部重要数据、总体布局和结构特征、应满足的要求、条件和限制等。这些要求、条件和限制来源于市场、系统属性、环境、法律法规与有关标准以及制造厂自身的实际情况,是产品设计、评价和决策的依据。

（二）方案设计阶段

方案设计实质上是根据设计任务书的要求，进行产品功能原理的设计，其目标是获得产品的基本形式或形状。方案设计的重要性主要体现在：方案设计阶段仅花费20%左右的成本和时间，却可以决定产品80%左右的成本，70%左右的最终市场价值，50%左右的产品特征，该设计阶段完成的质量如何将对产品的结构、性能、工艺和成本产生重大影响，直接关系到产品的技术水平及竞争能力。

产品的功能方案设计可以说是整个设计过程中最重要的一步，首先需要找出可以实现该产品功能的各种可能方案并进行优选。其次经过功能分析，确定方案。最终通过结构设计将构想表示出来，包括功能、原理、形状、布局和初步结构。

对于机械产品设计而言，技术设计与详细设计的重点就是应用工程图学、机械零件、机械原理、理论力学、材料力学、加工工艺学及材料学等基础知识完成产品的总装图、部件装配图、零件图及有关的设计与计算，这些可认为是常规设计的内容。而方案设计则是根据产品总的功能需求创造出相应原理方案的一种创造性过程，通过各种方法，探索多种方案，求得多个系统原理解，在此基础上通过评价和优化筛选，求得相对最佳原理解。

机械制造装备是用来生产机械产品的装备，对其运动和结构要求都比较高。机械制造装备的方案设计具体包括运动原理方案设计、传动原理方案设计、结构原理方案设计。不同的机械制造装备方案的设计过程不尽相同。机床、机器人、坐标测量机分别是机械制造装备的加工装备、物流装备、测控装备的典型代表，其中机器人用途很广。例如，切削机器人和焊接机器人等属于加工装备，切削机器人实际就是一种切削加工机床，焊接机器人就是一种自动焊接机；搬运机器人属于物流装备，轮式移动机器人的移动体独立工作时就是自动物流车；检测机器人属于测控装备，是一种关节式坐标测量机。

（三）技术设计阶段

技术设计阶段是将方案设计阶段拟订的初选结构方案具体化，确定详细结构原理方案;进行总体技术方案设计,确定主要技术参数、布局;进行详细结构设计,绘制详细的装配草图,初选主要零件的工艺方案,进行各种必要的性能仿真;如果需要还可以通过模型实验检验和改善设计;通过技术经济分析选择较优的设计方案。

1.确定结构原理方案

首先,确定结构原理方案。根据初选结构方案,对主要功能结构进行详细的结构原理方案设计。其次,评价和修改。对确定的结构原理方案经过技术经济评价,为进一步的修改提供依据。

2.总体设计

第一,主要结构参数,包括尺寸参数、运动参数、动力参数、占用面积和空间等。第二,总体布局,包括部件组成、各部件的空间位置布局和各部件相对运动配合关系。在确定总体布局时,应充分考虑使用维护的方便性、安全性、外观造型、环境保护和对环境的要求等关系。第三,系统原理图,包括产品总体布局图、机械传动系统图、液压系统图、电力驱动和控制系统图等。第四,经济核算,包括产品成本和运行费用的估算、成本回收期、资源的再利用等。

3.结构设计

结构设计阶段的主要任务是在总体设计的基础上,对结构原理方案结构化,绘制产品总装图、部件装配图;提出初步的零件表,加工和装配说明书;对结构设计进行技术经济评价。技术经济评价通常从以下几方面进行:实现的功能、作用原理的科学性、结构合理性、参数计算的准确性、安全性、人机工程要求、制造、检验、装配、运输、使用和维护的性能、资源回收利用、成本和产品研制周期等。在结构设计阶段经常采用诸如有限元分析、优化设计、可靠性设计、计算机辅助设计等现代设计方法来解决设计中出现的问题。

(四)工艺设计阶段

工艺设计阶段主要进行零件工作图设计,完善部件装配图和总装配图,进行商品化设计,编制各类技术文档等。

1. 零件图设计

零件图应无遗漏地给出制造零件所需的全部信息,包括几何形状、全部尺寸、加工面的尺寸公差、几何公差和表面粗糙度要求、材料和热处理要求及其他特殊技术要求等。除标准件和外购件外,其他零件无论是自制或外协,均需绘制零件图。零件图的图号应与装配图中的零件号相同。

2. 完善装配图

在绘制零件图时,不可避免地会对详细设计阶段提供的装配图进行修改。所以零件图绘制好后,应按实际零件的结构和尺寸完善装配图。装配图中的每一个零件应按企业规定的格式标注编号。零件号是零件唯一的标识符,不可乱编,以免造成生产秩序混乱。零件号中通常包含产品型号和部件号信息,有的还包含材料、毛坯类型等其他信息,以便备料和毛坯的生产与管理。

3. 编制技术文件

编制产品技术文件的目的是为产品制造、安装调试提供所需要的信息,为产品的质量检验、安装运输、使用等做出相应的规定。产品技术文件主要包括技术任务书、产品设计计算书、试验研究大纲及试验研究报告、产品使用说明书、产品质量检查标准、产品明细表、产品设计审查报告、标准化审查报告等。

第三节 机械制造装备设计的类型与方法

设计技术是指在设计过程中解决具体设计问题的各种方法和手段。自20世纪中期以来,随着科学技术的发展和各种新材料、新工艺、新技术的出现,机械制造装备产品的功能与结构日趋复杂,市场竞争日益激烈,传统的机械制造装备设计方法和手段已难以满足市场需求和产品设计的要求。随着计算机科学及应用技术的发展,一系列先进的设计技术在机械制造装备设计中得到了广泛应用。

一、机械制造装备设计的类型

作为一类机械产品,机械制造装备的设计类型与其他机械产品的设计类型一样,可分为创新设计、变型设计和模块化设计三大类型。①

(一)创新设计

进行创新设计离不开创造性思维。创造性思维具有两种类型:直觉思维和逻辑思维。直觉思维是一种在下意识状态下,对事物内在复杂关系产生突发性的领悟过程,具有创造灵感忽然降临的色彩。例如牛顿坐在大树下,看见苹果从树上掉下,引发了他关于地球引力的思考。但在当前市场竞争十分激烈的情况下,企业要求得生存,必须根据市场上出现的需求,快速地开发出创新产品去占领市场,那种依靠直觉思维和灵感的创新方式显然不能及时地推出具有竞争力的创新产品。必须采用逻辑思维方法,用主动的、按部就班的工作方式向创新目标逼近,开发出新一代的、具有高技术附加值的新产品,改善产品的功能、技术性能和质量,降低生产成本和能源消耗,采用先进生产工艺,缩短与国内外同类先进产品之间的差距,提高产品的竞争能力。

创新设计通常应从市场调研和预测开始,明确产品的创新设计任务,经过产品规划、方案设计、技术设计和工艺设计等四个阶段;还应通过产品试制和产品试验来验证新产品的技术可行性;通过小批试生产来验证新产品的制造工艺和工艺装备的可行性。一般需要较长的设计开发周期,投入较大的研制开发工作量。

(二)变型设计

用单一产品往往满足不了市场多样化和瞬息万变的需求。如每种产品都采用创新设计方法,则需要较长的开发周期和投入较大的开发工作量。为了快速满足市场需求的变化,常常采用适应型和变参数型设计方法。两种设计方法都是在原有产品基础上,保持其基本工作原理和总体结构不变,适应型设计是通过改变或更换部分部件或结构,变参数型设计是通过改变部分尺寸与性能参数,形成所谓的变型产品,以扩大使用

---

① 朱忠伟. 钳工挫削工艺问题研究[J]. 农业开发与装备, 2017, (7): 27.

范围,满足更广泛的用户需求。适应型设计和变参数型设计统称"变型设计"。为了避免变型产品品种繁多,带来生产混乱和成本增高,变型设计不应无序地进行,应在原有产品的基础上,按照一定的规律演变出各种不同的规格参数、布局和附件的产品,扩大原有产品的性能和功能,形成一个产品系列。

开展变型设计的依据是原有产品,它应属于技术成熟的产品。变型产品的基本工作原理和主要功能结构与原有产品相同,在设计和制造工艺方面是已经过了关的,这就是变型设计之所以可以在较短时间内,高质量地设计出符合市场需要产品的原因。

作为变型设计依据的原有产品,通常是采用创新设计方法完成的。为可能在其基础上进行变型设计,在创新设计时应考虑变型设计的可能性,遵循系列化设计的原理,将创新设计和变型设计两者进行统筹规划。即原有产品的设计不再是孤立地进行,而是作为系列化产品中的所谓的"基型产品"来精心设计,变型产品也不再是无序地进行设计,而是在系列型谱的范围内有依据地进行设计。

(三) 模块化设计

模块化设计是按合同要求,选择适当的功能模块,直接拼装成所谓的"组合产品"。进行组合产品的设计,是在对一定范围内不同性能、不同规格的产品进行功能分析的基础上,划分并设计出一系列功能模块,通过这些模块的组合,构成不同类型或相同类型、不同性能的产品,满足市场的多方面需求。组合产品是系列产品的进一步细化,组合产品中的模块也应按系列化设计的原理进行。

模块化设计通常是MRPⅡ(制造资源规划)驱动的,可由销售部门承担,或在销售部门中成立一个专门从事模块化设计的设计组承担,有关设计资料可直接交付生产计划部门,对组成产品的各个模块安排投产,并将这些模块拼装成所需的产品。

据不完全统计,机械制造装备产品中有一大半属于变型产品和组合产品,创新产品只占一小部分。尽管如此,创新设计的重要意义仍不容低估。这是因为,采用创新设计方法不断推出崭新的产品,是企业在市场竞争中取胜的必要条件；变型设计和模块化设计是在基型和模块系统的基础上进行的，而基型和模块系统也是采用创新设计方法完成的。

二、机械制造装备设计的方法

(一)创新设计方法

创新设计也称为方案设计。设计早期以产品功能为中心，设计后期以产品结构为中心。机械创新设计主要产生在设计早期，即概念设计阶段，通常是从需求识别开始，经过功能分析、方案确定，最终通过结构设计将构思表示出来。这一过程也是一个分析—综合—评价—决策的循环迭代过程。

产品概念设计阶段一般为设计过程的上游阶段，其目标是获得产品的基本形式或形状。功能与结构是机械设计中最关键的两个设计对象，机械产品应该从功能和结构两个方面进行描述。功能与结构处于创新设计的两端，功能是产品的抽象描述，而结构是产品的具体描述。这种本质上的差异使得功能与结构间的直接关联难度很大。

概念设计的理论与方法主要有两类：一种是以经验为基础的演绎、归纳和分析的设计理论，称为试错法。试错法的设计方法一般是设计人员首先根据已有的产品及以往的设计经验提出新产品的初步工作原理和结构原理，经过不断的修改、完善、再修改、再完善、试制等过程。如果试制结果证明设计已满足要求，则转入生产；如果试制结果不满足要求，则返回到概念设计的起始点重新开始新一轮的设计。试错法中的试错的次数根据产品创新设计的层次不同而不同，产品创新设计的级别越高，试错的次数就可能越多；另一种是以科学原理为基础的设计理论，采用解析的方法寻求原理解，可以称为创成法或解析法。所谓原理解，就是能够实现某种功能的工作原理和实现该工作原理的结构原理的解，所谓寻求原理解，就是找出所有可能的原理解，并从中求出最优或次优解。从理论上讲，创成法是最理想的方法，但也是难度最大的方法，尤其是用解析的方法求解结构原理解难度非常大，是创新设计方法研究的关键。

随着虚拟仿真分析技术的发展，对试错法提出的原理方案可以采用虚拟仿真分析技术进行定量分析，以减少试错次数，缩短创新设计的过程,这种采用定量分析的试错法又可称为分析式设计法。

因此,创新设计方法又可以分为创成式设计方法和分析式设计方法两种类型,但是创成式设计法和分析式设计法的求解原理解的方法有着本质区别。在创新设计方法中,所谓求解原理解就是寻找原理(工作原理和结构原理)上的创新设计方案。分析式设计法的求解方法是首先由设计者根据设计的功能要求,凭知识积累的经验或灵感提出原理解方案(先给出原理解),然后采用定量分析的方法判断其原理解方案是否满足功能要求,即通过解析计算验证所提出的原理解方案是不是满足功能要求的原理解。而创成式设计法的求解方法是采用解析的方法直接求出所有可能的原理解。

分析式设计法的求解方法对设计人员知识依赖性大,且不一定能够求出所有可能的原理解,但可以分析方案的可行性及进行方案比较。创成式设计法的求解方法可以求出所有可能的原理解,但求解的难度大,尤其是结构原理解的求解难度非常大。

(二)模块化变型设计方法

模块化变型设计方法就是在对产品进行功能分析的基础上,划分并设计出一系列通用模块,根据市场需求对这些模块进行选择组合,就可以构成不同功能或功能相同但性能不同、规格不同的变型产品。模块化变型设计实际上是模块化设计思想在变型设计中的应用。

模块化变型设计优势主要表现为以下几点:第一,有利于产品快速响应市场。模块化变型设计可以全部利用已有的模块或增加少量的专用模块来组成满足用户需求的产品,从而可以缩短产品的设计周期;模块化产品以模块为单位组织生产,零部件的模具、工艺流程和工艺设备都是定型的,从而可缩短制造周期。因此,模块化变型设计可以大大缩短产品上市时间,快速响应市场变化和抢占市场。第二,有利于产品的更新换代和新产品的开发。模块化产品可以把最新技术应用于模块的设计中,而模块之间具有标准接口,可以通过部分模块的改进而形成新产品,从而增强企业产品的更新换代和新产品的开发能力,提高企业产品的对市场的适应能力。第三,有利于提高产品质量。模块化产品以模块为单位来组织设计、生产和管理，模块是相对独立的，可进行专业化生产，有利于提高模块质量，从而提高产品的质量，增强产品质量的市场竞争力。第四，有利于降低产品成本。模块化产品按模块来进行生产，可以使原本单件小批量生产的零件转化为大批量生产，从而降低产品的生产成本，增强产品价格的市场竞争力。第五，便于装配和维修。组成产品的各模块之间相对独立，装配和维修非常方便，维修时只需要修理某些模块或更换某些模块。

模块化变型设计方法研究中的关键技术是模块的划分技术和组合技术。模块划分是模块化设计的前提和基础。模块划分是否合理，直接影响模块化系统的功能、性能和成本。模块划分一般主要从功能的角度进行分析和讨论模块的划分问题。在功能分析的基础上，进行合理的功能分解，实现合理的模块划分，创建出满足特定功能的模块。模块组合就是选择合适的模块进行组合，以得到满足用户需求的产品。

模块划分技术的关键是如何能够以尽可能少的模块种类，组成尽可能多种类的不同功能、不同性能、不同规格的变型产品。这是因为若模块种类的数目过多（极端的情况，一个零件就是一个模块），无法按模块化组织生产，在模块化制造的质量、成本及周期方面的优势就越弱，同时通过模块化设计快速形成新产品能力、装配和维修方面的优势也越弱；若模块种类的数目过少（如全部按一个部件就是一个模块），利用已有的模块来组成新产品的开发能力就弱，形成变型产品种类的数目就少。因此，模块划分问题是一个难度非常大的设计寻优问题。

模块组合技术的关键之一是模块与模块之间连接的接合部设计要能满足所组成的各种变型产品的性能要求（精度、动态、静态、热刚度）；另一个关键问题是要能够实现模块的快速装配和快速更换，特别是产品在生产现场（是指用户使用的生产现场，而不是装备制造商的生产现场）的快速重构，模块的快速更换有时只需几分钟，甚至几秒钟，因此模块的快速接合技术（快速接合的机构与控制技术）是产品快速重构的关键技术。

第三章 特种加工制造技术

第一节 电火花加工及线切割

电火花加工是一种主要利用热能进行加工的常用特种加工方法。在加工过程中,不直接接触的工具和工件之间由于不断的脉冲性火花放电,产生局部、瞬时的高温把金属材料逐步蚀除掉,以达到最终要求的几何形状与表面质量。由于放电过程可见到火花,故称为电火花加工。电火花线切割是在电火花加工基础上发展起来的一种新的工艺形式,由于用线状电极(钼丝或铜丝等)依靠火花放电对工件进行切割加工,故称为电火花线切割,简称线切割。[1]

一、电火花加工

(一)电火花加工特点

1.电火花加工的优势

(1)适合难于切削材料的加工。由于加工中材料的去除是靠放电时的电热作用实现的,材料的可加工性主要取决于材料的导电性及热学特性,如熔点、沸点、比热容、热导率、电阻率等,而几乎与其力学性能(硬度、强度等)无关。这样就可以突破传统切削加工对刀具的限制,从而实现用软的工具加工硬的工件,甚至可以加工像聚晶金刚石、立方氮化硼一类的超硬材料。

(2)可以加工特殊及复杂形状的零件。由于加工中工具电极和工件不直接接触,没有机械加工的宏观切削力,因此适宜加工低刚度及微细

---

[1]胡静. 浅谈钳工的操作技能[J]. 读写算(教师版)(素质教育论坛),2016,(39):16.

尺度工件。而且其加工是将工具电极的形状复制到工件上,因此,也特别适用于复杂表面形状工件的加工,如复杂型腔模具加工等。

2.电火花加工的不足

(1)加工速度一般较低。

(2)存在电极损耗。由于电火花加工靠电热作用来蚀除金属,电极也会遭受损耗。

(3)最小角部半径有限制。一般电火花加工能得到的最小角部半径略大于加工放电间隙(通常为0.02~0.30mm),若电极有损耗或采用平动头加工,则角部半径还要增大。

(二)电火花加工机床

电火花成型加工机床不论其类型如何,它们都包括下列几个基本组成部分:脉冲电源、间隙自动进给调节系统、工作液及其循环过滤系统、主机部分。

1.脉冲电源

电火花加工脉冲电源的作用是把直流或工频交流电转变成一定频率的单向脉冲电流,提供电火花加工所需要的放电能量。脉冲电源在电火花加工中是一个很活跃的因素,它对加工生产率、加工过程的状态稳定性、工具电极的损耗、加工精度与表面质量等技术经济指标有着很大的影响关系。

2.自动进给调节系统

在电火花加工过程中,工具与工件必须保持一定的间隙。由于工件不断被蚀除,电极也有一定的损耗,间隙将不断扩大。这就要求工具不但要随着工件材料的不断蚀除而进给,形成工件要求的尺寸和形状,而且还要不断地调节进给速度,有时甚至要停止进给或回退以保持恰当的放电间隙。这是因为瞬时蚀除量和放电间隙的物理状态是变化的,间隙过大不能产生火花放电,间隙过小则会引起拉弧烧伤或短路。一旦发生拉弧烧伤或短路,工具电极必须迅速离开工件,待短路消除后再重新调节到适宜的放电间隙。由于放电间隙很小,且位于工作液中无法观察和直接测量,因此必须要有自动进给调节系统来保持恰当的放电间隙。

3. 工作液循环过滤系统

工作液循环过滤系统包括工作液箱、电机、泵、过滤装置、工作液槽、油杯、管道、阀门以及测量仪表等。放电间隙中的电蚀产物除了靠自然扩散、定期抬刀以及使工具电极附加振动等排除外,常采用强迫循环的办法加以排除,以免间隙中电蚀产物过多而引起已加工过的侧表面间"二次放电",影响加工精度,此外也可带走一部分热量。图3-1为工作液强迫循环的两种方式。图3-1(a)、(b)为冲油式,较易实现,排屑冲刷能力强,一般较常采用;由于电蚀产物仍通过已加工区,会影响加工精度。图3-1(c)、(d)为抽油式,在加工过程中,分解出来的气体易积聚在抽油回路的死角处,遇电火花引燃会爆炸"放炮",因此一般用得较少,常用于要求小间隙加工、精加工。

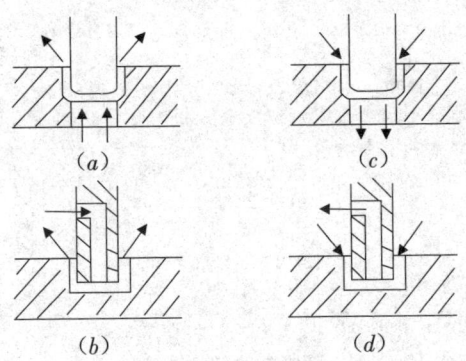

图3-1 工作液强迫循环方式

4. 主机部分

电火花成型加工机床结构有多种形式,根据不同的加工对象,通用机床的结构形式有龙门式、滑枕式、悬臂式、框形立柱式、台式和便携式。

电火花成型加工机床由床身、立柱、主轴头、工作台、工作液循环过滤器和附件等部分组成。它主要用于支承、固定工件和电极,其传动机构可调整工件与电极的相对位置,实现电极的进给运动。为减少机床变形,保持必要的精度,机床各主要部分要有一定的刚度。坐标工作台安装在床身上,主轴头安装在立柱上,其布局与立铣相似。

(三)电火花加工工艺方法

按工具电极和工件相对运动的方式和加工用途不同,大致可分为电火花穿孔成型加工、电火花线切割、电火花磨削和镗磨、电火花同步共轭回转加工、电火花高速小孔加工、电火花铣削加工、电火花表面强化与刻字七大类。前六类属于电火花成形和尺寸加工,是用以改变零件形状或尺寸的加工方法。后者则属于表面加工方法,用于改善或改变工件表面性质。表3-1所列为总的分类情况及各类加工方法的主要特点和用途。

表3-1　电火花加工工艺方法分类

工艺方法	特点	用途	备注
电火花穿孔成形加工	工具和工件间主要有一个相对的伺服进给运动;工具为成形电极,与被加工表面有相同的截面或形状	型腔加工:加工各类型腔模及各种复杂的型腔零件;穿孔加工:加工各种冲模、挤压模、粉末冶金模、各种异形孔及微孔等	约占电火花机床总数的30%,典型机床有D7125、D7140等电火花穿孔成形机床
电火花线切割加工	工具电极为沿其轴线方向移动着的线状电极;工具与工件在两个水平方向同时有相对伺服进给运动	切割各种冲模和具有直纹面的零件;下料、截割和窄缝加工;直接加工出零件	约占电火花机床总数的60%,典型机床有DK7725、DK7740s数控电火花线切割机床
电火花磨削和镗磨	工具与工件有相对的旋转运动;工具与工件间有径向和轴向的进给运动	加工高精度、表面粗糙度值小的小孔,如拉丝模、挤压模、微型轴承内环、钻套等;加工外圆、小模数滚刀等	约占电火花机床总数的3%,典型机床有D6310电火花小孔内圆磨床
电火花同步共轭回转加工	成形工具与工件均作旋转运动,但二者角速度相等或成整数倍,接近的放电点可有切向相对运动速度;工具相对工件可作纵、横向进给运动	以同步回转、展成回转、倍角速度回转等不同方式,加工各种复杂型面的零件,如高精度的异形齿轮,精密螺纹环规,高精度、高对称、表面粗糙度值小的内外回转体表面等	约占电火花机床总数的1%以下。典型机床有JN.2、JN.8等内外螺纹加工机床
电火花高速小孔加工	采用Φ0.3~Φ3mm空心管状电极,管内冲入高压水基工作液;细管电极旋转	加工速度可高达60mm/min,深径比可达1:100以上;线切割预穿丝孔;深径比很大的小孔,如喷嘴等	约占电火花机床总数的2%,典型机床有D7003A电火花高速小孔加工机床
电火花铣削加工	工具电极相对工件作平面或空间运动,类似常规铣削	适合用简单电极加工复杂形状;由于加工效率不高,一般用于加工较小的零件	各种数控电火花加工机床
电火花表面强化、刻字	工具在工件表面上振动;工具相对工件移动	模具刃口,刀、量具刃口表面强化和镀覆;电火花刻字、打印机	约占电火花机床总数的2%~3%,典型机床有D9105电火花强化机等

(四)电火花加工应用

1. 可直接加工各种金属及其合金材料,尤其是难切削加工材料,如高温合金、钛合金和淬火钢等。通过一定的工艺手段,亦可加工半导体和非导体材料。

2. 可加工各种形状复杂的型孔和型腔工件,包括圆孔、方孔、多边形孔、异形孔、曲线孔、螺纹孔等型孔工件及叶片、模具等各种型面的复杂型腔工件。例如,加工从数微米的孔、槽到数米的超大型模具和工件。

3. 各种工件与材料的切割,包括材料的切断下料、特殊结构工件的切割、切割微细窄缝及微细窄缝组成的工件,如金属栅网、慢波结构、异形孔喷丝板、激光器件等。

4. 加工各种成形刀、样板、工具、量具、螺纹等成形零件。

5. 刻字、打印铭牌和标记。

6. 工具、模具表面强化。

7. 辅助用途。如去除折断在工件中的丝锥、钻头,修复磨损件,磨合齿轮啮合件等。

由于电火花加工具有许多传统切削加工所无法比拟的优点,因此其应用领域日益扩大,目前已广泛应用于航空、航天、机械(特别是模具制造)、电子、电机电器、精密机械、仪器仪表、汽车拖拉机、轻工等行业,以解决难加工材料及复杂形状零件的加工问题。

二、线切割

(一)线切割特点

线切割加工的主要特点表现在以下几个方面:①它以直径为$\Phi 0.03 \sim \Phi 0.35$mm的金属丝作为电极工具,不需要制造特定形状的电极,只需输入控制程序即可进行加工。主要切割各种高硬度、高强度、高韧性和高脆性的导电材料,如淬火钢、硬质合金等。②由于电极工具是直径较小的细丝,故加工工艺参数的范围较小,可加工微细异型孔、窄缝和复杂形状的工件。③能加工各种冲模、凸轮、样板等外形复杂的精密零件,尺寸精度可达$0.01 \sim 0.02$mm,表面粗糙度可达$Ra1.6\mu m$。还可切割带斜度的模具或工件。④由于切缝很窄,切割时只对工件材料进行"套料"加工,故余料还可以利用。⑤自动化程度高,操作方便,劳动强度。⑥加工周期短,成本低。

(二)线切割机床

电火花线切割加工机床的种类不同,其设备内容也不一样,通常来说,电火花线切割加工设备主要由机床本体、脉冲电源、控制系统、工作液循环系统和机床附件等多个部分组成。下面主要以高速走丝线切割加工设备为例进行阐述,如图3-2所示。

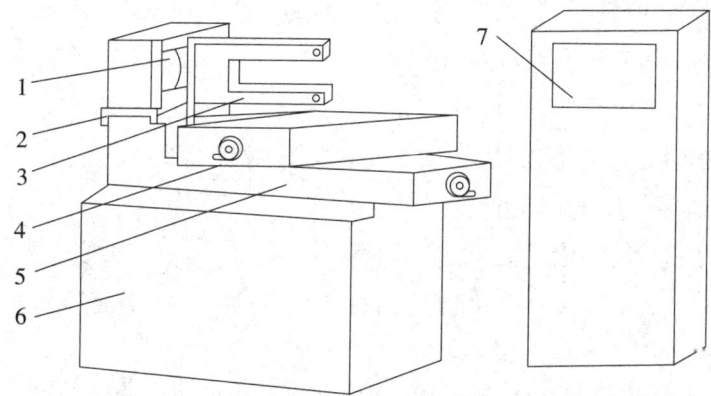

1—卷丝筒;2—走丝溜板;3—丝架;4—上滑板;5—下滑板;6—床身;7—电源及控制柜。

图3-2 高速走丝线切割加工设备组成

1.机床本体

机床本体主要包括机床床身,X、Y坐标工作台,走丝机构,丝架,工作液箱,附件和夹具等多个部分。

机床的床身通常采用箱式结构的铸铁件,它是X、Y坐标工作台,走丝机构及丝架的支撑和固定基础,应有足够的强度和刚度。床身内部可安置电源和工作液箱,考虑电源的发热和工作液泵的振动对机床精度的影响,有些机床将电源和工作液箱移出床身外另行安放。

2.脉冲电源

电火花线切割脉冲电源通常又称高频电源,是数控电火花线切割机床的主要组成部分,是影响线切割加工工艺指标的主要因素之一。线切割脉冲电源通常由脉冲发生器、推动级、功放及直流电源四部分组成。

3.控制系统

控制系统是进行电火花线切割加工的重要组成环节,是机床工作的指挥中心。控制系统的技术水平、稳定性、可靠性、控制精度及自动化程度等直接影响工件的加工工艺指标和工人的劳动强度。

控制系统的主要作用:在电火花线切割加工过程中,根据工件的形状和尺寸要求,自动控制电极丝相对于工件的运动轨迹;同时自动控制伺服进给速度,实现对工件的形状和尺寸加工,即当控制系统使电极丝相对于工件按一定轨迹运动时,还应该实现伺服进给速度的自动控制,以维持正常的放电间隙和稳定切割加工。前者轨迹控制依靠数控编程和数控系统,后者是根据放电间隙大小与放电状态由伺服进给系统自动控制的,使进给速度与工件材料的蚀除速度相平衡。

4.工作液循环系统

工作液的主要作用是在电火花线切割加工过程中脉冲间歇时间内及时将已蚀除下来的电蚀产物从加工区域中排除,使电极丝与工件间的介质迅速恢复绝缘状态,保证火花放电不会变为连续的弧光放电,使线切割顺利进行下去。此外,工作液还有另外两个作用:一方面有助于压缩放电通道,使能量更加集中,提高电蚀能力;另一方面可以冷却受热的电极丝,防止放电产生的热量扩散到不必要的地方,有助于保证工件表面质量和提高电蚀能力。

(三)线切割加工工艺

1.线切割穿丝孔

(1)穿丝孔的作用。包括:①对于切割凹模或带孔的工件,必须先有一个孔用来将电极丝穿进去,然后才能进行加工。②减小凹模或工件在线切割加工中的变形。

(2)穿丝孔的注意事项。包括:①穿丝孔的加工:穿丝孔的加工方法取决于现场的设备。在生产中穿丝孔常常用钻头直接钻出来,对于材料硬度较高或工件较厚的工件,则需要采用高速电火花加工等方法来打孔。②穿丝孔位置和直径的选择:穿丝孔的位置与加工零件轮廓的最小距离和工件的厚度有关,工件越厚,则最小距离越大,一般不小于3mm。

在实际中穿丝孔有可能打歪,若穿丝孔与欲加工零件图形的最小距离过小,则可能导致工件报废;若穿丝孔与欲加工零件图形的位置过大,则会增加切割行程。

穿丝孔的直径不宜过小或过大,否则加工较困难。若由于零件轨迹等方面的原因导致穿丝孔的直径必须很小,则在打穿丝孔时要小心,尽量避免打歪或尽可能减少穿丝孔的深度。如图3-3所示,图3-3(a)直接用打孔机打孔,操作较困难;图3-3(b)是在不影响使用的情况下,考虑将底部先铣削出一个较大的底孔来减小穿丝孔的深度,从而降低打孔的难度。这种方法在加工塑料模的顶杆孔等零件时常常应用。

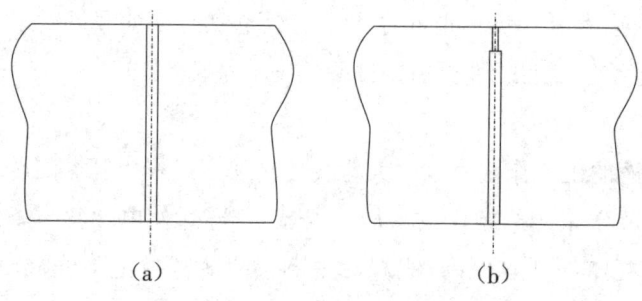

图3-3 穿丝孔高度

穿丝孔加工完成后,一定要注意清理里面的毛刺,以避免加工中产生短路而导致加工不能正常进行。

2.多次切割加工

线切割多次切割加工首先采用较大的电流和补偿量进行粗加工,然后逐步用小电流和小补偿量一步一步精修,从而得到较好的加工精度和光滑的加工表面。目前,慢走丝线切割加工普遍采用了多次切割加工工艺,快走丝多次切割加工技术也正在探讨之中。

(四)线切割应用

线切割加工为新产品试制、精密零件加工及模具制造等开辟了一条新的工艺途径,主要应用于以下几个方面。

1.试制新产品及零件加工

在新产品开发过程中需要单件的样品,使用线切割直接切割出零件,例如,试制切割特殊微电机硅钢片定转子铁心,由于不需另行制造模具,可大大缩短制造周期、降低成本。又如在冲压生产时,未制造落料模时,先用线切割加工的试样进行成形等后续加工,得到验证后再制造落料模。另外修改设计、变更加工程序比较方便,加工薄件时还可多片叠在一起加工。在零件制造方面,可用于加工品种多、数量少的零件以及特殊难加工材料的零件,材料试验件,各种型孔、型面、特殊齿轮、凸轮、样板、成形刀具。有些具有锥度切割的线切割机床,可以加工出"天圆地方"等上下异型面的零件。同时还可进行微细加工,异型槽和标准缺陷的加工等。

2.加工特殊材料

切割某些高硬度、高熔点的金属时,使用机加工的方法几乎是不可能的,而采用线切割加工既经济又能保证精度。电火花成形加工用的电极、一般穿孔加工用的电极、带锥度型腔加工用的电极以及铜钨、银钨合金之类的电极材料,用线切割加工特别经济,同时也适用于加工微细复杂形状的电极。

3.加工模具零件

电火花线切割加工主要应用于冲模、挤压模、塑料模、电火花型腔模的电极加工等。由于电火花线切割加工机床加工速度和精度的迅速提高,目前已达到可与坐标磨床相竞争的程度。例如,中小型冲模,材料为模具钢,过去用分开模和曲线磨削的方法加工,现在改用电火花线切割整体加工的方法,制造周期可缩短3/4～4/5,成本降低2/3～3/4,配合精度高,不需要熟练的操作工人。因此,一些工业发达国家的精密冲模的磨削等工序,已被电火花和电火花线切割加工所代替。

第二节 电化学加工技术

电化学加工包括从工件上去除金属的电解加工和向工件上沉积金属的电镀、涂覆加工两大类。

一、电解加工

(一)电解加工特点

1.电解加工的主要优点

(1)加工范围广。可加工高硬度、高强度、高韧性等难以切削加工的金属材料,如硬质合金、淬火钢、不锈钢、耐热合金、钛合金等,并可加工叶片、花键孔、炮管膛线、锻模等各种复杂的三维型面以及薄壁、异形零件等。[①]

(2)加工效率高。可以一次进给,直接成形,其加工效率约为电火花加工的5~10倍。在某些情况下,比切削加工的生产率还高,且加工效率不直接受加工质量的限制。

(3)表面质量好。加工表面无残余应力层和毛刺飞边,对材料的强度和硬度亦无影响。可以达到较好的表面粗糙度(Ra1.25~0.2μm)和±0.1mm左右的平均加工精度。

(4)加工过程中阴极工具在理论上不存在耗损,可长期使用。

(5)电解加工过程是一种典型的离子去除过程,这使其在微纳制造中将大有可为。

2.电解加工的缺点及局限性

(1)电解加工属于典型的多场耦合过程,影响因素多且复杂,不易实现稳定加工和保证较高的加工精度。

(2)加工型面、型腔的工具电极的设计、制造和修正难度较大,因而加工复杂型面零件时,工具阴极的制造周期较长。

(3)电解加工设备投资较高,占地面积较大。

(4)电解液对设备、工装有腐蚀作用,电解产物处理不好易造成环境污染。

(二)电解加工设备

电解加工设备包括机床本体、整流电源、电解液系统三个主要实体以及相应的控制系统。各组成部分既相对独立,又必须在统一的技术工艺要求下,形成一个相互关联、相互制约的有机整体。正因为如此,相对于

---

①张丽敏,钟刚. 浅谈钳工划线[J]. 机电信息,2015,(24):88-89.

传统切削机床,电解加工设备具有其特殊性、综合性和复杂性。

电解加工设备的组成框图如图3-4所示。图3-4中双点画线框内为基本组成部分。

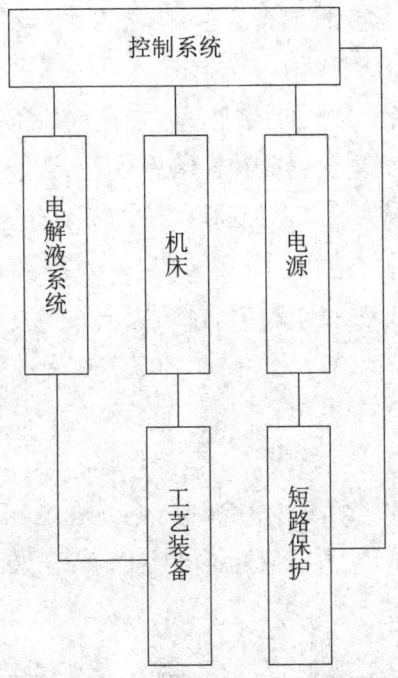

图3-4 电解加工设备组成

根据电解加工的特殊工作条件,对电解加工设备提出了下列基本要求。

1. 机床刚性强

目前,电解加工中广泛采用了大电流、小间隙、高电解液压力、高流速、脉冲电流及振动进给等工艺技术,造成电解加工机床经常处在动态、交变的大负荷下工作,要保证加工的高精度和稳定性,就必须拥有很强的静态和动态刚性。

2. 进给速度稳定性高

电解加工中,金属阳极溶解量与电解加工时间成正比。进给速度如不稳定,阴极相对工件的各个截面的作用时间就不同,将直接影响加工精度。

3.设备耐腐蚀性好

机床工作箱及电解液系统的零部件必须具有良好的抗化学和电化学腐蚀的能力,其他零部件(包括电气系统)也应具有对腐蚀性气体的防蚀能力。使用酸、碱性电解液的设备还应具备耐酸、碱腐蚀的能力。

4.电气系统抗干扰性强

机床运动部件的控制和数字显示系统应确保所有功能不相互干扰,并能抵抗工艺电源大电流通断和极间火花的干扰。电源短路保护系统能抵抗电解加工设备自身以及周围设备的非短路信号的干扰。

5.大电流传导性好

电解加工中需传输大电流,因而必须尽量降低导电系统线路压降,以减少电能损耗,提高传输效率。在脉冲电流加工过程中,还要采用低电感导线,以避免引起波形失真。

6.安全措施完备

为确保加工中产生的少量危险、有害气体和电解液水雾有效排出,机床应采取强制排风措施,并且应配备缺风检测保护装置。

(三) 常用电解液

电解液可分为中性盐溶液、酸性溶液和碱性溶液3种。中性盐溶液的腐蚀性弱,使用安全性好,工程中普遍采用。最常见的是 $NaCl$、$NaNO_3$、$NaClO_3$ 3种,下面分别进行介绍。

1.NaCl溶液

$NaCl$ 溶液中含有活性离子 Cl^-,电极电位较正,不会产生析氧、析氯等反应,阳极表面不易产生钝化膜,Na^+ 的电极电位较负,不会产生阴极沉积,故具有较大的蚀除速度、较高的电流效率和较好的加工表面粗糙度。

$NaCl$ 在水中几乎完全电离,导电能力弱,适应性好,而且价格低、货源足,是应用最为广泛的一种电解液。

$NaCl$ 溶液的蚀除速度高,但杂散腐蚀大,故复制精度差。$NaCl$ 溶液的质量分数一般控制在20%以内,常为14%~18%,而复制精度要求高时,甚至采用5%~10%的低质量分数。

$NaCl$ 溶液的常用温度为25~35℃,加工钛合金时可大于45℃。

2. NaNO₃溶液

NaNO₃溶液是钝化型电解液,其阳极钝化曲线如图3-5所示。在曲线AB段,随着阳极电极电位升高,电流密度增大,符合正常的阳极溶解规律。当阳极电位超过B点后,由于钝化膜的形成使电流密度急剧减少,到C点时金属表面进入钝化状态。当电位超过D点,钝化膜开始破坏,电流密度又随着电位的升高而迅速增大,金属表面进入超钝化状态,阳极溶解速度又急剧增加。如果在电解加工时,工件的加工区处在超钝化状态(DE段),而非加工区由于其阳极电位较低,处于钝化状态(CD段)受到钝化膜的保护,就可以减小杂散腐蚀,提高加工精度。

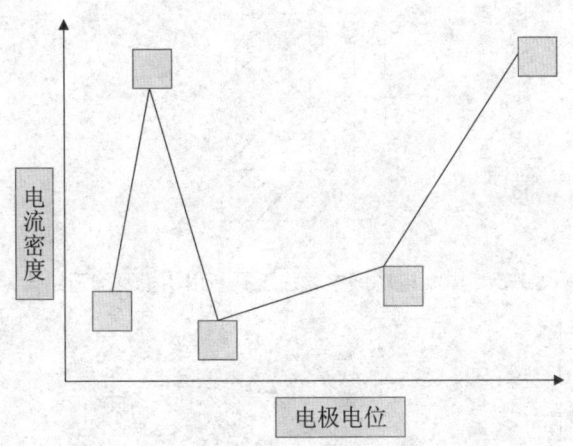

图3-5 钢在NaNO₃溶液中的阳极钝化曲线

所谓杂散腐蚀,指的是除了加工区域正常电解溶解外,由于工件非加工侧面等也有电场存在,也会产生阳极溶解,从而会产生侧面腐蚀,影响电解加工的复制精度。

质量分数为5%的NaNO₃电解液电解加工孔所用阴极及加工结果如图3-6所示。阴极工作圈的高度为1.2mm,其凸起部分为0.58mm,加工的孔没有锥度。当侧面间隙到达0.78mm时侧面即被保护起来,此临界间隙称为切断间隙;此时的电流密度称为切断电流。NaNO₃电解液和NaClO₃电解液之所以具有切断间隙特性,是由于它们都是钝化型电解液,在阳极表面形成钝化膜,虽然有电流通过,但阳极不溶解,此时的电流效率为零。只有当加工间隙小于切断间隙时,也即电流密度大于切断电流时,钝化膜才被破坏，工件被腐蚀。如图3-7所示为3种常用电解液的电流效率和电流密度关系曲线。从图中可以看出，NaCl电解液的电流效率接近于100%，而$NaNO_3$电解液和$NaClO_3$电解液的电流效率和电流密度的关系是一条曲线，当电流密度小于切断电流时，电流效率为零，电解作用消失，这种电解液称为非线性电解液。

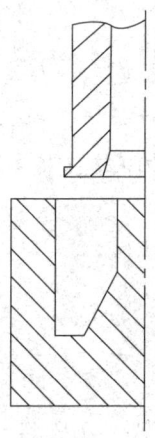

图3-6　$NaNO_3$电解液电解加工孔所用阴极及加工结果

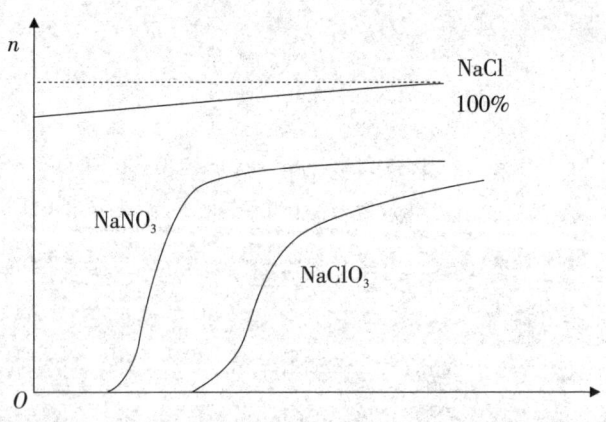

图3-7　3种电解液的电流效率和电流密度关系曲线

3. $NaClO_3$电解液

$NaClO_3$电解液和$NaNO_3$电解液类似，也是钝化型电解液，杂散腐蚀小，加工精度高。当加工间隙达1.25mm以上阳极溶解几乎完全停止，而且加工表面粗糙度也很好。$NaClO_3$电解液的另一特点是溶解度很高、导电能力强、生产率高（比$NaNO_3$电解液的高，但比NaCl的要低）。另外，它对机床、管道、泵等的腐蚀也比较小。然而,其价格较贵,氧化能力很强,而且在电解过程中不断消耗 ClO 离子,产生 Cl^- 离子,而 Cl^- 离子会加大杂散腐蚀。

4.电解液中的添加剂

几种常用的电解液都有一定的缺点,因此为了改善其性能可考虑增加添加剂。例如,NaCl 溶液的杂散腐蚀比较大,可增加一些含氧酸盐(如磷酸盐),使表面产生一定的钝化膜,提高成型精度。又如,$NaNO_3$ 电解液的成型精度虽高,但电流效率相对较低,可添加少量的 NaCl 来平衡电流效率和加工精度。为改善加工表面质量,可添加络合剂、光亮剂等,如加入少量 NaF 可改善表面粗糙度。

(四)电解加工应用

1.深孔加工

深径比大于 5 的深孔,用传统加工方法加工,刀具磨损严重、表面质量差、加工效率低。用电解加工则明显优于传统加工。如电解加工 $\Phi 4mm \times 2000mm$、$\Phi 100 \times 8000mm$ 的深孔,加工精度高,表面粗糙度低、生产效率高。

电解加工深孔,按工具阴极的运动方式可分为固定式和移动式。

(1)固定式电解加工。固定式电解加工的主要特点:工件与工具间无相对运动,设备简单、生产率高、操作方便、便于实现自动化。但工具阴极长度必须大于工件,否则,容易在电解液进口至出口处由于流速、温度及电解液中氢氧化铁的含量不同而造成工件同一表面粗糙度的不同和尺寸精度的不均匀。固定电解加工所需电源功率较大,加工中要根据加工间隙的变化,调节加工参数。因此,固定式电解加工适于孔径较小、深度不大的工件,如花键孔、花键槽等。

(2)移动式电解加工。移动式电解加工的特点:工件固定在机床上,加工时工具阴极在工件内孔做轴向移动。阴极短,精度要求较低,制造简单,不受电源功率的限制,主要用于深孔加工,特别是细长孔。在工具电极移动的同时,再作旋转,可加工内孔镗线。

2.型腔加工

多数锻模为型腔模,因为电火花加工的精度比电解加工易控制,所以目前大多采用电火花加工,但由于它的生产率较低,因此对锻模消耗量比较大、精度要求不太高的煤矿机械、汽车拖拉机等制造厂,近年来逐渐采用电解加工。复杂型腔表面加工时,电解液不易均匀,在流速、流量不足的局部区域电蚀量将偏小,在该处容易形成短路。此时应在阴极的对应处加开增液孔或增液缝,增补电解液,避免短路烧伤形象。

3.电解抛光

电解抛光是利用金属在电解液中电化学阳极的溶解对工件表面进行腐蚀抛光,是一种表面光整加工方法。电解抛光与电解加工的区别是工件与工具间的加工间隙大,电流密度小,电解液一般不流动,必要时加以搅拌。因此,电解抛光所需的设备比较简单,包括直流电源、各种清洗槽和电解抛光槽,不像电解加工那样需要昂贵的机床和电解液循环、过滤系统;抛光用的阴极结构比较简单。

电解抛光的效率要比机械抛光高,而且抛光后的表面除了常常生成致密牢固的氧化膜等膜层外,不会产生加工变质层,也不会造成新的表面残余应力,且不受被加工材料(如不锈钢、淬火钢、耐热钢等)硬度和强度的限制,因而在生成中经常采用。

二、阴极沉淀加工

(一)电铸加工

1.电铸加工特点

(1)能准确地复制形状复杂的成形表面,制件表面粗糙度($Ra = 0.1\mu m$左右)小,用同一原模能生产多个电铸件(其形状、尺寸的一致性极好)。

(2)设备简单,操作容易。

(3)电铸速度慢(需几十甚至上百小时),电铸件的尖角和凹槽部位不易获得均匀的铸层,尺寸大而薄的铸件容易变形。

2.电铸加工设备

(1)电铸槽。电铸槽的材料应选用不与电铸溶液起作用而引起腐蚀的材料。外框一般用钢板焊接,内衬铅板、橡胶、聚氯乙烯薄板或其他塑料。小型槽可用陶瓷、玻璃或搪瓷制品,大型的可用耐酸砖衬里的水泥槽。

(2)直流电源。通常采用低电压、大电流,电压为3~20V可调,电流密度为15~30A/dm²。一般常用硅整流或晶闸管直流电源。

(3)搅拌和循环过滤系统。搅拌的作用可降低浓差极化,加大电流密度,提高加工质量和生产率。搅拌的方法有循环过滤法、压缩空气法、超声振动法和机械法等。

循环过滤的作用是除去溶液中的固体杂质微粒,常用玻璃棉、丙纶丝、泡沫塑料或滤纸芯筒等过滤材料,过滤速度以每小时能更换循环2~4次镀液为宜。

3.电铸加工的工艺过程

电铸加工型腔的工艺过程一般为:型芯设计与制造→型芯预处理→电铸→清洗→脱模→机械加工。

型芯的尺寸、形状应与型腔完全一致,而在沿型腔深度方向尺寸要比型腔大8~10mm,以备电铸后切去交接面上粗糙部分。

型芯可以用金属材料做成,如钢、铝合金,低熔点合金等,也可以用非金属材料做成,如石膏、木材、塑料等。

型芯在电铸前都要做预处理,其过程一般为:抛光→去油→镀铬→去油→装挂具。

如果是用非金属材料做成的,还要对其进行表面导电化处理及防水处理。

由于电铸型腔的强度不高,硬度较低,目前主要用于受力较小的塑料注射模型腔,如笔杆、笔套、吹塑制品、搪塑玩具、工艺制品以及电火花加工的工具电极等。

4.电铸加工应用

电铸加工有如下所述的应用范围:①复制精细的表面轮廓花纹,如唱片模、工艺美术品模、纸币、证券、邮票的印刷版等。②复制注射用的模具、电火花型腔加工用的工具电极。③制造复杂、高精度的空心零件和薄壁零件,如波导管等。④制造表面粗糙度标准样块,反光镜、表盘、异形孔喷嘴等特殊零件。

(二)涂镀加工

1.涂镀加工特点

(1)无需镀槽,可对局部表面涂镀,设备简单,操作方便,不受工件大小及形状的限制,甚至不必拆下零件即可在现场对其局部刷镀。

(2)涂液种类及可涂镀的金属比槽镀的多,选用更改方便,易于实现复合镀层,一套设备可涂镀金、银、铜、铁、镍、钨、铟等金属。

(3)涂镀与基本金属的接合力比槽镀的牢固,涂镀速度快(镀液中离子浓度高),且镀层厚度可控性强。

(4)工件与镀笔间有相对运动,故一般需人工操作,很难实现高效率的大批量、自动化生产。

2.涂镀加工应用

涂镀加工主要用于修复零件磨损表面的尺寸和零件表面的划伤、凹坑、斑蚀、孔洞等缺陷,实施超差品修复,也可用于在大型、复杂、单件小批工件的表面局部镀镍、铜、锌、镉、钨、金、银等防腐层、耐腐层等,改善表面性能。

第三节 激光与超声波加工技术

激光加工是利用光的能量,经过透镜聚焦,在焦点上达到很高的能量密度,靠光热效应来加工各种材料的。人们曾利用透镜将太阳光聚焦,使纸张、木材引燃,但无法用作材料加工。这是因为:一方面地面上的太阳光的能量密度不高;另一方面是由于太阳光不是单色光,而是由红、橙、黄、绿、青、蓝、紫色等不同波长的光组成的多色光,并不能在同一平面聚焦。通过研究,人们发现激光不但是一种单色光,而且强度高、能量密度大,所以避免了像太阳光那样的缺点,可以使用激光来进行相应的加工。

超声波加工有时也称超声加工。电火花加工只能加工金属导电材料。然而,超声波加工不仅能加工硬质合金、淬火钢等脆硬金属材料,而且更适合于加工玻璃、陶瓷、半导体锗、硅片等不导电的非金属脆硬材料,同时还可以应用于清洗、焊接、探伤、测量、冶金等其他方面。[①]

一、激光加工

(一)激光加工特点

1.加工材料范围广。激光几乎对所有的金属材料和非金属材料都可进行加工,特别适于加工高熔点材料、耐热合金及陶瓷、宝石、金刚石等硬脆材料。

2.激光加工属于非接触加工,无受力变形;受热区域小,工件热变形小,加工精度高。

3.工件可离开加工机进行加工,并可通过空气、稀有气体或光学透明介质进行加工。例如,可通过玻璃对隔离室内的工件进行加工或对真空管内的工件进行焊接。

4.可进行微细加工。激光可聚焦形成微米级光斑,输出功率大小可调节,常用于精密微细加工,最高加工精度可达0.001mm,表面粗糙度Ra可达$0.4\sim0.1\mu m$。激光聚焦后可实现直径0.01mm的小孔加工和窄缝切割。在大规模集成电路的制作中,可用激光进行切片。

5.加工速度快,加工效率高。如在宝石上打孔,激光加工时间仅为机械加工方法的1%。

6.不仅可以进行打孔和切割,也可进行焊接、热处理等工作。

7.可控性好,易于实现自动化。

8.能源消耗少,无加工污染,在节能、环保等方面有较大优势。

(二)激光加工基本设备

激光加工的基本设备包括激光器、电源、光学系统及机械系统等四大部分。

---

①武天弓,许国强.机修钳工工艺与实训2 机修钳工维修技术[M].天津:南开大学出版社,2014.

1. 激光器

激光加工的重要设备,用于把电能转化为光能,产生激光束。

2. 电源

为激光提供所需要的能量及控制功能。

3. 光学系统

光学系统包括激光聚焦系统和观察瞄准系统,后者能观察和调整激光束的焦点和位置,并将加工位置显示在投影仪上。

4. 机械系统

机械系统主要包括床身、能在三坐标范围内移动的工作台及机电控制系统等。随着电子技术的发展,目前激光加工已采用计算机来控制工作台的移动,从而实现了激光加工的数控操作。

目前常用的激光器按激活介质的种类可分为固体激光器和气体激光器,按激光器的工作方式可大致分为连续激光器和脉冲激光器。下面对固定式激光器进行简单的阐述。固定式激光器一般采用光激励,能量转化环节多,光的激励能量大部分转换为热能,所以效率较低。为了避免固体介质过热,固体激光器通常采用脉冲工作方式,并用合适的冷却装置,较少采用连续工作方式。由于晶体缺陷和温度引起的光学不均匀性,固体激光器不容易获得单模,而倾向于多模输出。

图3-8为固体激光器的结构,由于固体激光器的工作物质尺寸较小,因而其结构比较紧凑。图中的激光器结构中包括工作物质、光泵、玻璃套管和滤光液、冷却水、聚光器以及谐振腔等部分。

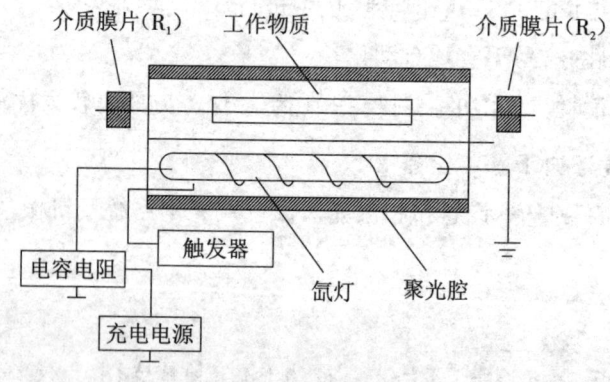

图3-8　固体激光器结构

(1)光泵具有供给工作物质光能的作用,一般使用氙灯或氪灯作为光泵。脉冲状态工作的氙灯有脉冲氙灯和重复脉冲氙灯两种。前者只能每隔几十秒工作一次;后者可以每秒工作几次至几十次,后者的电极需要用水冷却。

(2)聚光灯的作用是把氙灯发出的光聚集在工作物质上,一般将氙灯发出来的80%左右的光能集中在工作物质上。常用的聚光灯有很多种形式。其中圆柱形加工制造方便,用得较多;椭圆柱形聚光灯效果好,采用也较多。为了提高反射率,聚光灯内面需磨平抛光至Ra0.025μm,并蒸镀一层银膜、金膜或铝膜。

(3)滤光液和玻璃套管是为了滤去氙灯发出的紫外线成分,因为这些紫外线成分对于铷玻璃和掺铷钇铝石榴石都是十分有害的,它会使激光的效率显著下降,常用的滤光液是重铬酸钾溶液。

(4)谐振腔由两块反射镜组成,其作用是使激光沿轴向来回反射共振,用于加强和改善激光的输出。

(三)激光加工应用

在激光加工中利用激光能量高度集中的特点,可以打孔、切割、雕刻及表面处理。利用激光的单色性还可以进行精密测量。

1. 激光打孔

激光打孔是激光加工中应用最早和应用最广泛的一种加工方法。

2. 激光切割

与激光打孔原理基本相同,是将激光能量聚集到很微小的范围内把工件烧穿,但切割时需移动工件或激光束(一般移动工件),沿切口连续打一排小孔即可把工件割开。激光可以切割金属、陶瓷、半导体、布、纸、橡胶、木材等,切缝窄,效率高,操作方便。

3. 激光焊接

激光焊接与激光打孔原理稍有不同,焊接时不需要那么高的能量密度使工件材料气化蚀除,而只要将工件的加工区烧熔,使其粘合在一起。

4.激光的表面热处理

利用激光对金属工件表面进行扫描,从而引起工件表面组织发生变化进而对工件表面进行表面淬火、粉末粘合等。

二、超声波加工

(一)超声波加工特点

1.适合于加工各种不导电的硬脆材料,例如玻璃、陶瓷(氧化铝、氮化硅等)、石英、锗、硅、玛瑙、宝石、金刚石等。对于导电的硬质金属材料如淬火钢、硬质合金等,也能进行加工,但加工生产率较低。对于橡胶则不可进行加工。

2.加工精度较高。由于去除加工材料是靠磨料对工件表面撞击作用,故工件表面的宏观切削力很小,切削应力、切削热很小,不会引起变形及烧伤,表面粗糙度也较好,公差可达0.008mm之内,表面粗糙度心值一般在 $0.1 \sim 0.4 \mu m$。

3.由于工具和工件不进行复杂相对运动,工具与工件不用旋转,因此易于加工出各种与工具形状相一致的复杂形状内表面和成形表面。超声波加工机床的结构也比较简单,只需一个方向轻压进给,操作、维修方便。

4.超声波加工面积不大,工具头磨损较大,故生产率较低。

(二)超声波加工的设备

超声波加工设备如图3-9所示。尽管它们的功率大小及结构形式各有不同,但都是由超声波发生器、超声振动系统(声学部件)、机床本体及磨料工作液循环系统等部分组成。

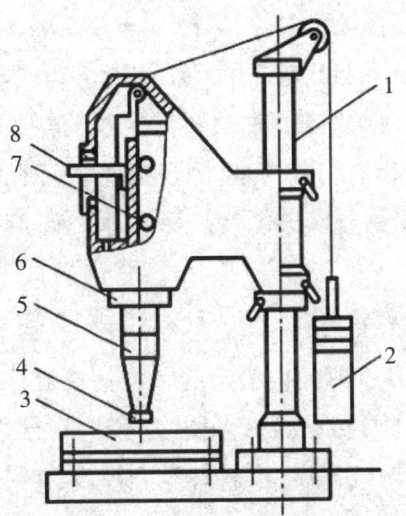

1—支架；2—平衡重锤；3—工作台；4—工具；5—振幅扩大棒；6—换能器；7—导轨；8—标尺。

图3-9 CSJ-2型超声波加工机床

1.超声波发生器

超声波发生器是将工频交流电转变为有一定功率输出的超声频交流电，为工具端面振动及去除被加工材料提供能量。其基本要求是输出功率和频率在一定范围内连续可调，并希望具有对共振频率自动跟踪和自动微调的功能。

超声波加工用的超声波发生器有电子管和晶体管两种类型。电子管式的不仅功率大，而且频率稳定，在大中型超声波加工设备中用得较多。另一类是晶体管式的，它体积小、能量损耗小，因而发展较快，并有取代电子管的趋势。

2.声学部件

声学部件的作用是把高频电能转换成机械振动，并以波的形式传递到工具端面。声学部件是超声波加工设备中的重要部件，主要由换能器、振幅扩大棒及工具组成。换能器的作用是将高频电振荡转换成机械振动。目前实现这一目的是利用"压电效应"和"磁致伸缩效应"分别制成压电陶瓷换能器和磁致伸缩换能器。前者能量转换效率高，体积小；后者功率较大。

3. 机床及磨料工作液

超声波加工机床一般比较简单,包括支撑声学部件的机架、工作台面以及使工具以一定力作用在工件上的进给机构等。平衡重锤是用于调节加工压力的。工作液一般为水,为了提高表面质量,也有用煤油的。磨料常用碳化硼、碳化硅或氧化铝。简单的机床,其磨料是靠人工输送和更换的。

(三) 超声波加工工艺

加工速度是指单位时间内去除的工件材料量,以 g/min、mm^3/min 表示。其影响因素有工具振动频率、振幅;工具与工件之间的静压力,工具与工件材料;加工尺寸、深度;磨料种类和粒度;工作液的磨料含量等。加工速度最大可达 $2000 \sim 4000 mm^3/min$。

1. 工具的振幅和频率

一般振幅在 $0.01 \sim 0.1 mm$,频率在 $16 \sim 25 kHz$,应将频率调至共振频率,以便获得最大振幅。振幅过大、频率过高会使工具和变幅杆承受内应力增大,超过疲劳强度,降低使用寿命,增大工具消耗。

2. 进给压力

超声加工时,工具与工件之间应有合适的静压力,静压力主要影响加工间隙,静压力过大使加工间隙减小,不利于工作液的更新和补充;静压力过小使加工间隙增大,减弱了磨料对工件的打击力度,两者都会降低生产率。

3. 磨料的种类和粒度

磨料的硬度高,加工速度快。磨料的粒度小号(磨粒大),加工速度快。一般加工金刚石、宝石时,可用金刚石磨料;加工硬质合金、淬火钢时,可用碳化硼、碳化硅磨料;加工玻璃、石英、半导体等材料可用刚玉类磨料,原则上是被加工材料越硬脆,磨料硬度应越高。

4. 被加工材料

被加工材料越脆,受冲击载荷能力越低,越易被超声去除加工。若以玻璃的加工生产率为100%,则锗、硅半导体单晶为200%~250%,石英为50%,硬质合金为2%~3%,淬火钢为1%,普通钢<1%。

5.工作液磨料含量

工作液中的磨料太少,会造成加工区磨料少,甚至局部无磨料情况,使加工速度下降。工作液磨料含量增加会使加工速度增加,但含量太高,会使加工间隙的工作液循环受阻,影响磨料的打击作用,导致加工速度下降。通常所用磨料与水的比例为0.5:1。

(四)超声波加工应用

超声波加工从20世纪50年代开始研究以来,其应用日益广泛。随着科技和材料科学的发展,将发挥更大的作用。目前,生产上主要有以下用途。

1.成形加工

超声波加工目前在各工业部门中主要用于对脆硬材料加工圆孔、型孔、型腔、套料、微细孔、弯曲孔、刻槽、落料、复杂沟槽等。

2.超声波清洗

超声波清洗的原理主要是基于清洗液在超声波的振动作用下,使液体分子产生往复高频振动,引起空化效应的结果。空化效应使液体中急剧生长微小空化气泡并瞬时强烈闭合,产生的微冲击波使被清洗物表面的污物遭到破坏,并从被清洗表面脱落下来。在污物溶解于清洗液的情况下,空化效应加速溶解过程,即使是被清洗物上的窄缝、细小深孔、弯孔中的污物,也很易被清洗干净。所以,超声波清洗主要用于形状复杂、清洗质量高的中、小精密零件,特别是深孔、弯曲孔、盲孔、沟槽等特殊部位,采用其他方法效果差,采用该方法清洗效果好、生产率高、净化程度也高。因此,超声波加工在半导体、集成电路元件、光学元件、精密机械零件、放射性污染等的清洗中得到了较为广泛的应用。

3.切割加工

一般加工方法用于普通机械加工切割脆硬的半导体材料是很困难的,采用超声波切割则较为有效,而且超声波精密切割半导体、氧化铁、石英等,精度高、生产率高、经济性好,并且可以利用多刃刀具,切割单晶硅片,一次可以切割加工10~20片。

4.超声波焊接加工

超声波焊接是利用超声频振动作用,使被焊接工件的两个表面在高速振动撞击下,去除工件表面的氧化膜,使该表面摩擦发热黏结在一起。因此它不仅可以加工金属,而且可以加工尼龙、塑料等制品。例如在机械制造业中,利用超声波焊接加工的双联齿轮。由于该种加工方法不需要外加热和焊剂,热影响小、外加压力也小,不产生污染,工艺性和经济性也好。因此,该种方法可焊接直径或厚度很小的材料,焊接材料不仅仅限于金属,还可以焊接塑料、纤维等制品。目前在大规模的集成电路制造中已广泛采用该加工方法。

第四节 电子束与离子束加工技术

电子束加工是近年来得到较大发展的特种加工技术。其在精密微细加工方面,尤其是在微电子学领域中得到较多的应用。电子束加工主要用于打孔、焊接等的精加工和电子束光刻化学加工。

等离子体加工又称为等离子弧加工,是电弧放电使气体电离成过热的等离子气体流束,利用高温、高速的等离子弧及其焰流,使工件材料熔化、蒸发和气化并被吹离基体,使工件材料改变性能,或在其上涂覆的特种加工。[1]

一、电子束加工

(一)电子束加工特点

1.电子束能够极其微细地聚焦(可达$0.1 \sim 1\mu m$),故可进行微细加工。

2.加工材料的范围广。由于电子束能量密度高,可使任何材料瞬时熔化、气化且机械力的作用极小,不易产生变形和应力,故能加工各种力学性能的导体、半导体和非导体材料。

3.加工在真空中进行,污染少,加工表面不易被氧化。

---

[1]盛永华,曹甜东.钳工工艺技术[M].沈阳:辽宁科学技术出版社,2009.

4.电子束加工需要整套的专用设备和真空系统,价格较贵,故在生产中受到了一定程度的限制。

(二)电子束加工装置

电子束加工装置的基本结构如图3-10所示。它主要由电子枪、真空系统、控制系统和电源等部分组成。

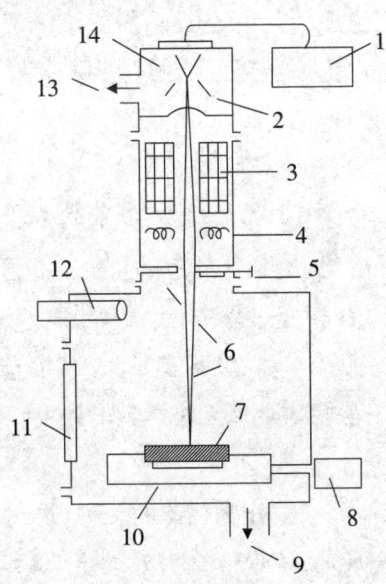

1—加速电压;2—流强度控制;3—流聚焦控制;4—流位置控制;5—更换工件用截止阀;6—电子束;7—工件;8—驱动电动机;9—抽气;10—移动工作台;11—工件更换盖及观察窗;12—观察筒;13—抽气;14—电子枪。

图3-10 电子束加工装置结构

1.电子枪系统

电子枪系统包括电子发射阴极、控制栅极和加速阳极等部分,用来发射高速电子流并对其进行初步聚焦。

2.真空系统

用来保证在电子束加工时装置内达到 $1.33\times10^{-4} \sim 1.33\times10^{-2}$ Pa 的真空度。

3.控制系统及电源

控制系统包括电子束流的聚焦、位置、强度的控制以及工作台的位置控制。

(三)电子束加工应用

1.电子束打孔

电子束打孔已在生产中实际应用,目前最小加工直径可达Φ0.003mm左右,例如,喷气发动机套上的冷却孔,不仅孔的密度可连续变化,孔数达数百万个,而且有时还可改变孔径,最宜用电子束高速打孔。高速打孔可在工件运动中进行,例如,在0.01mm厚的不锈钢上加工直径Φ0.2mm的孔,速度为每秒3000孔。玻璃纤维喷丝头要打6000个直径Φ0.8mm、深度3mm的孔,速度为每秒20孔。

2.电子束热处理

电子束热处理是用电子束作为热源,并适当控制电子束的功率密度,使金属表面加热而不熔化,达到热处理的目的。电子束热处理的加热速度和冷却速度都很高,在相变过程中,奥氏体化时间很短,只有几分之一秒乃至千分之一秒,奥氏体晶粒来不及长大,从而能获得一种超细晶粒组织,可使工件获得用常规热处理无法达到的硬度。

3.电子束焊接

电子束焊接是利用电子束作为热源的一种焊接工艺。当高能量密度的电子束轰击焊件表面时,使焊件接头处的金属熔融,在电子束连续不断地轰击下,形成一个被熔融金属环绕着的毛细管状的蒸汽管,如果焊件按一定速度沿着焊件接缝与电子束作相对移动,则接缝上的蒸汽管由于电子束的离开而重新凝固,使焊件的整个形成一条焊缝。

由于电子束的能量密度高,焊接速度快,所以电子束焊接的焊缝深而窄、件热影响区小、变形小。电子束焊接一般不用焊条,焊接过程在真空中进行,此焊缝化学成分纯净,焊接接头的强度往往高于母材。

二、离子束加工

(一)离子束加工特点

1.导电、导热性能好

等离子体的带电离子具有良好的导电、导热性能,通过很大的电流、很小的截面传导的热量很大。

2. 温度高、能量密度大

由于机械压缩、热收缩、磁收缩效应的综合作用,可使等离子体的温度和能量密度分别高于普通电弧的 2~3 倍和 10 倍以上。

3. 工艺参数调节方便

能够适当调节功率、气体类型、气体流量、进给速度、焰流、火焰角度、喷射距离等工艺参数,也可利用一个电极进行不同厚度、多种材料、不同工艺要求的加工。

4. 电弧稳定

用等离子焊接时,尽管喷嘴与工件的距离可能有较大变化,但电弧状态却保持稳定,弧长变化不影响加热状态,且电弧的方向性好。工艺规范、稳定可靠,操作较容易掌握。

等离子体加工的工作地点要求对噪声、弧光、烟雾采取保护措施。

(二)离子束加工机械

离子束加工装置可分为离子源系统、真空系统、控制系统和电源系统。其中离子源系统与电子束加工装置不同,其余系统均类似。

离子源(又称离子枪)的作用是产生离子束流。其基本工作原理是将气态原子注入离子室,然后使气体原子经受高频放电、电弧放电、等离子体放电或电子轰击被电离成等离子体,并在电场作用下将正离子从离子源出口引出而成为离子束。根据离子产生的方式和用途离子源有多种形式。常用的有考夫曼型离子源、双等离子体离子源、高频放电离子源。

考夫曼型离子源已成功地应用于离子推进器和离子束微细加工领域。它是发射的离子源束流直径可达 50~300mm,是一种大口径离子源。该离子源设备尺寸紧凑、结构简单。工作参数为:真空度 133.32×10^{-4} Pa,电压 1000eV,束流强度 $0.85mA/cm^2$,束流直径 50mm,离子入射角为 75°。

双等离子体型离子源可获得高效率、高密度的等离子体,是一种高亮度的离子源。其电离效率高达 50%~90%,等离子体密度高达 1014 离子数/cm^3。目前,双等离子体源的应用比较广泛。

高频放电离子源是由高频振荡器在放电室内产生高频磁场,加速自由电子与气体原子进行碰撞电离而产生等离子体。图3-11为高频离子源结构图。该种离子源特点是：①采用高频电场或磁场激励放电。②可以获得金属离子或化学性质活泼的气体离子。③束流强度低，一般为100μA~100mA，当采用高频脉冲放电时，束流强度可达1A。

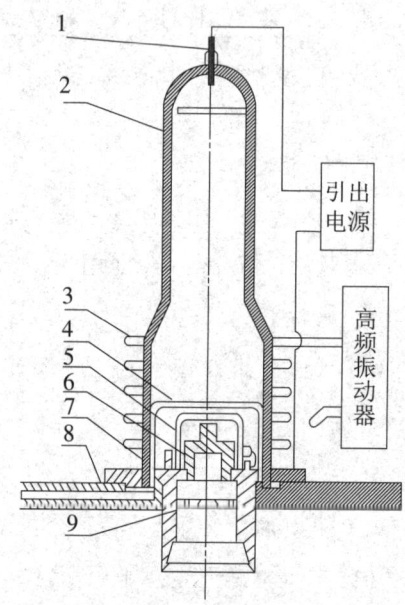

1—阴极探针；2—放电管；3—感应线圈；4—大屏蔽罩；5—小屏蔽罩；6—引出电极；7—引出电极座；8—进气管道；9—光栅

图3-11 高频放电离子源

（三）离子束加工应用

1. 刻蚀加工

离子刻蚀加工是逐个原子剥离的过程。剥离速度大约每秒一层到几十层原子。多数材料在300~500eV时刻蚀率最高。入射角一般宜取为40°~60°离子束刻蚀可用于加工空气轴承的沟槽、打孔、加工极薄材料及超高精度非球面透镜。

2. 镀膜加工

离子镀膜加工有溅射沉积和离子镀两种。离子镀时工件不仅接受靶材溅射出来的原子，还同时受到离子的轰击，因此具有许多独特的优点。工件在镀膜前存在的表面污物和氧化物首先被离子清洗掉，提高了工件表面的附着力。镀膜开始时,由工件表面溅射出来的基材原子,有一部分与工件周围气氛中的原子和离子发生碰撞而返回工件。它们与镀膜的膜材原子同时到达工件表面,从而形成了基材原子与膜材原子的共混膜层。随着膜层的增厚,逐渐过渡到单纯膜材原子构成的膜层。由于存在有混合过渡层,使得因膜材和基材膨胀系数不同而产生的热应力减少,增强了结合力,膜层不易脱落。离子镀镀层组织细密,针孔气泡少。离子镀的可镀材料广泛,可在金属或非金属表面上镀制金属或非金属材料,已用于镀制润滑膜、耐热膜、耐蚀膜、耐磨损膜、装饰膜和电气膜等。

3. 注入加工

离子注入是向工件表面直接注入离子。注入量可精确控制,深度可达 $1\mu m$ 以上。离子注入可以改变金属表面的物理化学性能,也可以制造出新合金,从而改变了金属表面的耐腐蚀、耐磨损和润滑性能。

第四章 先进制造技术

随着计算机、微电子、信息和自动化技术的迅速发展,传统的机械制造技术正逐渐向先进制造技术方向发生根本的变革。先进制造技术是为了适应科学技术的发展以及市场环境的变化,在传统制造技术基础上通过不断吸收科学技术的最新成果而逐渐发展起来的一个新兴技术群。

第一节 先进制造技术概述

先进制造技术(advanced manufacturing technology,AMT)是在传统制造技术的基础上,不断吸收机械、电子、信息、材料、能源及现代管理等技术成果,并将其综合应用于产品设计、制造、检测、管理、售后服务等机械制造全过程,实现优质、高效、低耗、清洁、灵活生产,提高对动态多变的产品市场的适应能力和竞争能力的各种现代制造技术的总称,并被称为是面向21世纪的技术。

一、先进制造技术提出的背景

先进制造技术的产生有其社会经济、科学技术以及可持续发展的历史背景。

(一)社会经济背景

人类社会进入20世纪80年代以来,商品市场发生了巨大变化,一是由于物质商品的丰富,消费者的消费需求日趋主题化、个性化和多样化,产品寿命周期不断缩短,产品更新速度加快,多品种、变批量生产成为制造业主导的生产方式。二是全球市场的形成,市场竞争日趋激烈。在这样的社会经济背景下,制造业需要引入先进技术,使制造型企业在交货周期(time)、产品质量(quality)、产品成本(cost)、客户服务(service)以及环境友善性(environment)等方面满足消费者需求,主动适应并快速响应市场变化,从而赢得市场竞争,获取最大的产品利润。[①]

(二)科学技术背景

自20世纪50年代以来,随着计算机与数控技术的出现,制造业开始迈向快速发展的轨道,传统制造技术逐步与机械、材料、电子、信息等多种学科交叉和融合,推动着制造技术的发展和进步。尤其进入20世纪80年代,高新技术成果不断出现,尤其是计算机技术、微电子技术、信息技术、自动化技术等应用和渗透,极大地促进了制造技术在宏观(制造系统建立)和微观(精密超精密加工)两个方向上蓬勃发展,急剧地改变了现代制造业的产品结构、生产方式、生产工艺设备以及生产组织体系,使现代制造业成为发展速度快、技术创新能力强、技术密集的产业。

(三)可持续发展战略背景

日益严峻的环境问题引起国际社会的普遍关注,世界环境与发展委员会(WCED)于1987年向联合国递交了《我们共同的未来》的报告,正式提出了"可持续发展"的思路,强调当代人在创造和追求今世发展和消费的时候,不能以牺牲今后几代人的利益为代价,要求制造业应由粗放经营、掠夺式开发向集约型、可持续发展模式转变,生产制造过程力求对环境的负面影响最小,资源利用效率最高。

鉴于上述,传统的制造技术已越来越不适应快速变化的市场形势,各国政府和企业界在寻求对策,以获取全球范围内的竞争优势。20世纪80年代末,美国政府根据本国经济所面临的机遇和挑战,针对本国制造业存在的问题进行了深刻反省,首先提出了"先进制造技术"的概念,以先进制造技术增强美国制造业的竞争力,促进经济的快速增长。

先进制造技术概念的提出是制造业发展的需求,也是制造业技术发展实际进程的反映。先进制造技术一经提出,立即得到西欧各国、日本以及亚洲新兴工业化国家的积极响应。

---

①唐世林,肖刚. 钳工工艺与技能训练[M]. 北京:北京理工大学出版社,2009.

二、先进制造技术的特征

(一)先进制造技术的实用性

先进制造技术最重要的特点在于,它首先是一项面向工业应用,具有很强实用性的新技术。从先进制造技术的发展过程到其应用范围,特别是达到的目标与效果,无不反映这是一项对国民经济发展可以起重大作用的实用技术。先进制造技术的发展往往是针对某一具体的制造业(如汽车制造、电子工业)的需求而发展起来的先进、适用的制造技术,有明确的需求导向的特征;先进制造技术不是以追求技术的高新为目的,而是注重产生最好的实践效果,以提高效益为中心,以提高企业的竞争力和促进国家经济增长与综合实力为目标。

(二)先进制造技术应用的广泛性

在应用范围上,传统制造技术通常只是指各种将原材料变成成品的加工工艺,而先进制造技术虽然仍大量应用于加工和装配过程,但由于其组成中包括了设计技术、自动化技术、系统管理技术,因而将其综合应用于制造的全过程,覆盖了产品设计、生产准备、加工与装配、销售使用、维修服务甚至回收再生的整个过程。

(三)先进制造技术的动态特征

由于先进制造技术本身是在针对一定的应用目标,不断地吸收各种高新技术逐渐形成、不断发展的新技术,因而其内涵不是绝对的和一成不变的。反映在不同的时期,先进制造技术有其自身的特点;反映在不同的国家和地区,先进制造技术有其本身重点发展的目标和内容。

(四)先进制造技术的集成性

传统制造技术的学科、专业单一独立,相互界限分明;先进制造技术由于专业和学科间的不断渗透、交叉、融合,界线逐渐被淡化甚至消失,技术趋于系统化、集成化,已发展成为集机械、电子、信息、材料和管理技术为一体的新型交叉学科,因此可以称其为"制造工程"。

(五)先进制造技术的系统性

传统制造技术一般只能驾驭生产过程中的物质流和能量流。随着微电子、信息技术的引入,使先进制造技术还能驾驭信息生成、采集、传递、反馈、调整的信息流动过程。先进制造技术是可以驾驭生产过程的物质流、能量流和信息流的系统工程。一项先进制造技术的产生往往要系统地考虑到制造的全过程,如并行工程就是集成地、并行地设计产品及其零部件和相关各种过程的一种系统方法。

(六)先进制造技术的环保性

先进制造技术特别强调环境保护,既要求其产品是所谓的"绿色商品"(对资源的消耗最少、对环境的污染最小甚至为零、对人体的危害最小甚至为零、报废后便于回收利用、发生事故的可能性为零、所占空间最小),又要求产品的生产过程是环保型的(对资源的消耗最少、对环境的污染最小甚至为零、对人体的危害最小甚至为零)。

先进制造技术强调的是实现优质、高效、低耗、清洁、灵活的生产,其核心是优质、高效、低耗等基础制造技术,其最终目标是要提高对动态多变的产品市场的适应能力和竞争能力为确保生产和经济效益持续稳步的提高,能对市场变化做出更灵捷的反应,提高企业的竞争能力。

先进制造技术比传统的制造技术更加重视技术与管理的结合,更加重视制造过程组织和管理体制的简化以及合理化,从而产生了一系列先进的制造模式。随着世界自由贸易体制的进一步完善以及全球交通运输体系和通信网络的建立,制造业将形成全球化与一体化的格局,新的先进制造技术也必将是全球化的模式。

三、先进制造技术的分类

先进制造技术横跨多个学科,主要可以概括为以下几个方面:先进设计技术、先进制造工艺技术、制造自动化技术、先进制造模式和先进生产管理技术。

(一)先进设计技术

先进设计技术是在传统设计的基础上继承和发展起来的,是一门多专业、多学科相互交叉的综合性很强的基础技术科学。其定义如下:先进设计技术是根据产品功能要求和市场竞争(时间、质量、价格等)的需要,应用现代技术和科学知识,经过设计人员创造性思维、规划和决策,制订可以用于制造的方案,并使方案付诸实施的技术,它包括了有关的各项工程技术,如计算机辅助设计、计算机辅助工程、计算机辅助工艺设计、反求工程、模块化设计、动态设计、可靠性设计和优化设计等。

(二)先进制造工艺技术

先进制造工艺技术是先进制造技术的核心和基础,任何高级的自动控制系统都无法取代先进制造工艺技术的作用。美国国防关键技术计划指出:"制造工艺是将先进技术转化为可靠、经济、精良武器装备的关键。"随着机械工业的发展和科学技术的进步。机械制造工艺的内涵和面貌不断发生变化,而且变化和发展速度越来越快,常规工艺不断优化并得到普及,新型加工方法不断出现和发展。目前,主要的新型加工方法类型有精密加工和超精密加工、超高速加工、微细加工、特种加工及高密度能源加工、快速原型技术、新型材料加工、大件及超大件加工和复合加工等加工方法。

(三)制造自动化技术

制造自动化是指在广义的制造过程所有环节中采用自动化技术,实现制造全过程的自动化。制造自动化技术就是研究对制造过程的规划、运作、管理、组织、控制与协调优化等的自动化技术,以使产品制造过程实现高效、优质、低耗、灵活和清洁的目标。其主要包括数控技术、工业机器人技术、自动化加工装备技术、物流系统及辅助过程自动化技术、网络制造技术、传感技术、自动检测技术、信号处理和识别技术、制造过程监测与控制技术等方面。

(四)先进制造模式和先进生产管理技术

先进制造模式是应用与推广先进制造的组织方式,它以获取生产有效性为首要目标,以制造资源快速有效集成为基本原则,其工作重点在于组织的创新和人的因素的发挥。先进制造模式包括精益生产、计算机集成制造、敏捷制造、智能制造等。先进生产管理技术是企业中采取的各种计划、组织、控制及协调的方法和技术的总称,包括生产信息管理、产品数据管理和工装流程管理等。

四、先进制造业的发展趋势

先进制造业的发展趋势,可以分成三类:一是产品的发展趋势,二是制造过程的发展趋势,三是制造方法的发展趋势。这三个发展趋势又可以用12个字概括,即产品要"精""极""文";过程要"绿""快""省""效";方法要"数""自""集""网""智"。这些方面彼此渗透、相互支持,形成整体并且扎根在"机械"与"制造"的基础上,服务于制造业的发展。

(一)产品的制造要实现"精""极""文"

1."精"是精密化,精密化是关键核心

一方面,它是指对产品零件的精度要求越来越高;另一方面,它是指对产品零件的加工精度要求越来越高。"精"是指加工精度及其精密加工、细微加工、纳米加工等。20世纪七八十年代,超精密加工的误差达到了$0.01\mu m$,至今则达到了$1nm$。

2."极"是极端化,极端化是发展的焦点

"极"就是极端条件,是指在极端条件下工作的或者有极端要求的产品,从而使这类产品的制造技术有"极"的要求。在高温、高压、高湿、强磁场、强腐蚀条件下工作的或有高硬度、大弹性要求的,或在几何形体上极大、极小、极厚、极薄、奇形怪状的。显然,这些产品都是科技前沿的产品。

3."文"是人文化,人文化是发展的新意

社会进步到今天,产品不仅是一个工业产品,只解决"实用"的问题,满足物质层面上的需要,还应该是一个艺术产品,文化含量高,特别是人文文化含量高,真正解决"物美"问题,满足精神层面上的需要。工业设计等学科即由此而生。工业设计就是一个为"文"服务的学科,因为一个工业产品还应该有文化层面上的意义。

(二)工业制造过程要实现"绿""快""省""效"

1."绿"是绿色化,绿色化是工业发展的必然趋势

人类社会的发展必将走向人类社会与自然界的和谐。科学的发展观就是要可持续发展,可持续的首要条件就是要整个生产过程不能伤害自然。人与人类社会本质上也是自然世界的一个组成部分,不能脱离整

体,更不能对抗与破坏整体。

制造业的产品从构思开始,到设计阶段、制造阶段、销售阶段、使用与维修阶段,直到回收阶段、再制造各阶段,都必须充分考虑到环境保护。作为"绿色"制造产品,应给人以高尚的精神享受,体现着物质文明、精神文明与环境文明的高度交融。

2."快"是快速化,快速化是发展的动力

快速化是指对市场的快速响应,对生产的快速重组,这两个快速必然要求生产模式有高度柔性与高度敏捷性。这一点是市场经济走向"买方市场""多变市场""顾客是上帝"的"客户化"的必然结果。

"商场就是战场",现代企业如果不能迅速对市场变化做出反应,就必然会被市场淘汰。在对市场做出反应后,如果不能立刻把生产过程重组,也还是会落后,最终被淘汰。正是这一"快"的结果,强有力地推动着制造技术的进步与制造方法的发展。所以,"快"可以说是先进制造技术发展的"动力"。

3."省"是节省化,节省化是发展的原则

节省是指制造过程必须节省、节约、节俭,这是市场经济必然的要求。任何一个经济行为,都不同程度地讲节省、讲成本市场经济,尤其是中国这么一个并不富裕的大国的市场经济。制造过程就更是不能不讲节省,不能不讲成本,不能不讲资源的优化配置,不能不讲制造过程各有关环节的优化配置。

4."效"是高效率,是指高生产率,即指单位时间内生产的产品数量多

固然市场经济与科技的发展,导致不确定性因素猛增,市场的需求变化加快使得产品非大量化、分散化、个性化的生产越来越强,但绝不意味着单位时间内产品生产数量减少,相反,还应增加。高效、低耗、无污染应是生产过程所追求的目标,所以"效"可以看作是先进制造技术发展的追求。

(三)制造方法方面要实现"数""自""集""网""智"

1."数"是数字化

数字城市、数字工厂、数字制造、数字装备等,数字化的趋势锐不可

当。数字化绝对是制造的核心,起着决定性的作用。制造领域需要数字化,它是制造技术、计算机技术、网络技术与管理科学的交叉融和发展与应用的结果,也是制造企业、制造系统与生产过程、生产系统不断实现数字化的必然趋势。数字化制造包含了三大部分:以设计为中心的数字制造、以控制为中心的数字制造和以管理为中心的数字制造。毫无疑问,数字化推进了人类社会的深刻变革。

2."自"是自动化,自动化是发展的条件

自动化是减轻人的劳动,强化、延伸、取代人的有关劳动的技术或手段。确切地说,机械是一切技术的载体,也是自动化技术的载体。第一次工业革命,以机械化这种形式的自动化来减轻、延伸或取代人的有关体力劳动。第二次工业革命,电气化进一步促进了自动化的发展。信息化、计算机化与网络化,不但极大地解放了人的体力劳动,而且更为关键的是有效地提高了脑力劳动自动化的水平,解放了人的部分脑力劳动。

3."集"是集成化,集成化是发展的方法

它包括几个方面:技术的集成、管理的集成、技术与管理的集成。其本质是知识的集成,亦即知识表现形式的集成。先进制造技术就是制造技术、信息技术、管理科学与有关科学技术的集成。

4."网"是网络化,网络化是发展的道路

制造技术的网络化是先进制造技术发展的必由之路。制造业走向整体化、有序化,这同人类社会发展是同步的。制造技术的网络化是由两个因素决定的:一是生产组织变革的需要;二是生产技术发展的可能。

制造技术的网络化不可阻挡,它的发展会导致一种新的制造模式即虚拟制造的产生。通过组织异地分布的、平等独立的多个企业,在谈判协商的基础上,建立密切合作关系形成动态的"虚拟企业"或动态的"企业联盟"。此时,各企业致力于自己的核心业务,实现优势互补,实现资源优化动态组合与共享。

5."智"是智能化,智能化是发展的前景

近20年来,制造系统正在由原先的能量驱动型转变为信息驱动型。这就要求制造系统不但要具备柔性,而且还要表现出某种智能,以便应对大量复杂信息的处理、瞬息万变的市场需求和激烈竞争的复杂环境。因此,智能制造越来越受到高度的重视。

精、极、文、快、绿、省、效、数、自、集、网、智这12个方面,彼此渗透,相互依赖,相互促进,形成一个整体,而且它们是服务于制造技术的。这12个方面是一定要扎根在"机械"和"制造"这个基础上的。这就是说,要研究和发展"机械"本身与"制造"本身的理论与机理,而且这12个方面的技术要以此理论与机理为基础来研究、开发、发展,要与此基础相辅相成,最终是要服务于制造业发展的。

第二节 先进制造工艺技术

先进制造工艺技术主要研究与物料处理过程和物料直接相关的各项技术,要求实现加工过程的优质、高效、低耗、清洁和灵活。

一、快速成形技术

快速成形技术又称快速原型制造技术(rapid prototyping manufacturing,RPM),是基于计算机三维实体模型生产的一种先进制造技术。与传统制造方法不同,快速成形从零件的CAD几何模型出发,经计算机数据处理后,用激光束或其他方法将材料堆积而形成实体零件。由于它把复杂的三维制造转化为许多二维制造的叠加,因而可以在不用模具和工具的条件下生成几乎任意复杂的零部件,极大地提高了生产效率和制造柔性。[1]

(一)快速成形技术的特点

1.制造过程柔性化

快速成形技术的最突出特点是柔性好,它取消了专用工具,在计算机管理和控制下可以制造出任意复杂形状的零件,把可重编程、重组、连续改变的生产装备用信息方式集成到一个制造系统中。对整个制造过程,

---

[1]骆行.钳工工艺与技能训练[M].成都:电子科技大学出版社,2007.

只需改变CAD模型或反求数据结构模型,对成形设备进行适当的参数调整,即可在计算机管理和控制系统下制造出不同形状的零件和模型。

2. 技术高度集成化

快速成形技术是计算机技术、数控技术、控制技术、激光技术、材料技术和机械工程等多项交叉学科的综合集成。它以离散/堆积为方法,在控制上以计算机和数控为基础,以最大的柔性化为目标。

3. 设计制造一体化

快速成形技术的另一个显著特点就是CAD/CAM一体化。在传统的CAD、CAM技术中,由于成形思想的局限性,致使设计制造一体化很难实现。而对于快速成形技术来说,由于采用了离散/堆积分层制造工艺,能很好地将CAD、CAM结合起来。

4. 制造自由成形化

自由成形的含义有两个方面:一是指根据零件的形状,不受任何专用工具(或模型)的限制而自由成形;二是指不受零件任何复杂程度的限制,能够制造任意复杂形状与结构、不同材料复合的零件。快速成形技术大大简化了工艺规程、工装设备、装配过程等,很容易实现由产品模型驱动的直接或自由制造。

5. 材料使用广泛性

在快速成形领域,由于各种工艺的成形方式不同,因而材料的使用也各不相同,如金属、纸、塑料、光敏树脂、蜡、陶瓷、甚至纤维等材料在快速成形领域已有很好的应用。

(二)常见的快速成形工艺

1. 光固化立体成形

光固化立体成形是采用立体印刷(stereo lithography apparatus,SLA)原理的一种工艺,也是最早出现的、技术最成熟和应用最广泛的快速原型技术,由美国3DSystems公司在20世纪80年代后期推出。SLA的成形方法是在树脂液槽中盛满液态光敏树脂,使其在激光束的照射下快速固化,成形过程开始时,可升降的工作台处于液面下一个截面层厚的高度,聚焦后的激光束,在计算机的控制下,按照截面轮廓的要求,沿液面进行扫描,使被扫描区域的树脂固化,从而得到该截面轮廓的塑料薄片;然后,工作台下降一层薄片的高度,已固化的塑料薄片就被一层新的液态树脂所覆盖,以便进行第二层激光扫描固化,新固化的一层牢固地黏结在前一层上,如此循环,直到整个产品成形完毕;最后升降台升出液体树脂表面,即可取出工件,进行清洗和表面光洁处理。

2. 选择性激光烧结工艺

选择性激光烧结(selective laser sintering,SLS)采用CO_2激光器对粉末材料(塑料粉、陶瓷与黏结剂的混合粉、金属与黏结剂的混合粉等)进行选择性烧结,是一种由离散点一层层堆积成三维实体的工艺方法。在开始加工之前,先在工作平台上铺一层粉末材料,激光束在计算机控制下按照截面轮廓对实心部分所在的粉末进行烧结,使粉末熔化继而形成一层固体轮廓;第一层烧结完成后,工作台下降一截面层的高度,再铺上一层粉末,进行下一层的烧结,如此循环,形成三维的原型零件;最后经过5~10h冷却,即可从粉末缸中取出零件。未经烧结的粉末能承托正在烧结的工件,当烧结工序完成后,取出零件,未经烧结的粉末基本可自动脱掉,并重复利用。因此,SLS工艺不需要建造支撑,事后也不用清除支撑。

3. 分层实体制造

分层实体制造(laminated object manufacturing,LOM)快速成形技术是一种薄片材料叠加工艺。典型的设备是美国Helisys公司生产的LOM-2030H型箔材叠层快速成形机。

分层实体制造是根据三维CAD模型每个截面的轮廓线,在计算机控制下,发出控制激光切割系统的指令,使切割头作x和y方向的移动。供料机构将底面涂有热熔胶的箔材(如涂覆纸、涂覆陶瓷箔、金属箔、塑料箔材)一段段地送至工作台的上方。激光切割系统按照计算机提取的横截面轮廓用CO_2激光束对箔材沿轮廓线将工作台上的纸割出轮廓线,并将纸的无轮廓区切割成小碎片;然后,由热压机构将一层层纸压紧并黏合在一起,可升降工作台支撑正在成形的工件,并在每层成形之后,降低一个纸厚,以便送进、黏合和切割新的一层纸;最后形成由许多小废料块包围的三维原型零件。然后取出,将多余的废料小块剔除,就可以获得三维产品。

4. 熔积成形

熔积成形(fused deposition modeling,FDMD)工艺是一种不依靠激光作为成形能源,而将各种丝材加热熔化的成形方法。熔积成形的原理是加热喷头在计算机的控制下,根据产品零件的截面轮廓信息,作平面运动。热塑性丝材由供丝机构送至喷头,并在喷头中加热和熔化成半液态,然后被挤压出来,有选择性地涂覆在工作台上,快速冷却后形成一层薄片轮廓。一层截面成形完成后,工作台下降一定高度,再进行下一层的熔覆,如此循环,最终形成三维产品零件。

5. 三维印刷

三维印刷(three dimensional printing,3DP)与SLS有些相似,不同之处在于物理过程,它的成形方法是用黏结剂将粉末材料黏结,而不是用激光对粉末材料加以烧结,在成形过程中没有能量的直接介入。由于它的工作原理与打印机或绘图仪相似,故通常称为三维印刷。含有水基黏结剂的喷头在计算机的控制下,按照零件截面轮廓的信息,在铺好一层粉末材料的工作平台上,有选择性地喷射黏结剂,使部分粉末黏结在一起,形成截面轮廓。一层粉末成形完成后,工作台下降一个截面层的高度,再铺一层粉末,进行下一层轮廓的黏结,如此循环,最终形成三维产品的原型。为提高原型制件的强度,可浸蜡、树脂或特种黏结剂做进一步的固化。该工艺特点是成形速度快、设备简单、粉末材料价格较便宜、制作成本低、工作过程没有污染、可在办公室条件下使用;但制成原型尺寸精度较低、强度较低,特别适合制作小型零件的原型。

二、精密与超精密加工技术

(一)基本概念

精密与超精密加工是相对于普通精度等级加工而言,其界限随时间的推移会发生不断变化。目前,普通加工、精密加工、超精密加工的具体介绍如下所示。

1. 普通加工

加工精度在 10μm 左右、表面粗糙度 Ra = 0.3 ~ 0.8μm 的加工技术，如车、铣、刨、磨、镗、铰等。它适用于汽车、拖拉机和机床等产品的制造。

2. 精密加工

加工精度在 10 ~ 0.1μm，表面粗糙度 Ra = 0.3 ~ 0.03μm 的加工技术，如金刚车、金刚镗、研磨、珩磨、超精加工、砂带磨削、镜面磨削和冷压加工等。它适用于精密机床、精密测量仪器等产品中的关键零件的加工，如精密丝杠、精密齿轮、精密蜗轮、精密导轨、精密轴承等。

3. 超精密加工

加工精度不低于 0.1 ~ 0.01μm，表面粗糙度 Ra < 0.03 ~ 0.05μm 的加工技术，如金刚石刀具超精密切削、超精密磨料加工、超精密特种加工和复合加工等。它适用于精密元件、计量标准元件、大规模和超大规模集成电路的制造。目前，超精密加工的精度正处在亚纳米级工艺，正在向纳米级工艺发展。

4. 纳米加工

加工精度达到 0.001μm，表面粗糙度 Ra < 0.005μm 的加工技术，加工方法大多已不是传统的机械加工方法，而是如原子分子单位加工等方法。实际上，纳米加工是超精密加工的一种特殊形式。

预计到 21 世纪初期，普通加工、精密加工、超精密加工将可分别达到 1μm、0.01μm 和 0.001μm(1nm) 的精度水平。

(二) 超精密加工方法

1. 超精密切削加工

超精密切削加工主要指金刚石刀具超精密切削。单晶金刚石刀具具有极高的硬度，其硬度可达 6000 ~ 10000HV，能磨出极其锋利的刃口，并且切削刃没有缺口、崩刃等现象。普通切削刀具的刃口圆弧半径只能磨到 5 ~ 30μm，而天然单晶金刚石刃口圆弧半径可小到几纳米，刀刃极其锋利。用金刚石刀具切削有色金属和非金属材料时可得到表面粗糙度 Ra = 0.02 ~ 0.002μm 的镜面。当金刚石刀具经过仔细研磨达到特别高的精度时，可切下 1nm 切削厚度的切屑。当使用配备金刚石刀具的双坐标数控超精密机床时,可使被加工的平面和非球曲面达到很高的几何精度。

金刚石刀具超精密切削加工主要应用于两个方面:单件的大型超精密零件加工的切削加工和大量生产的中小型零件的超精密加工。主要出于国防需要,单件的大型超精密零件加工在美国最发达。大量生产的中小型超精密加工零件主要是感光鼓、磁盘、多面镜、激光反射镜等。

2.超精密磨削加工

超精密车削主要用于铜、铝及其合金等金属,而对于黑色金属、硬脆材料等,用精密磨削和超精密磨削是当前最主要的精密加工手段。这里介绍超精密砂轮磨削技术。

超精密砂轮磨削中所使用的砂轮,其材料多为金刚石、立方氮化硼磨料,一般称为超硬磨料砂轮。对于非金属脆硬材料、硬质合金、有色金属及其合金主要用金刚石磨料砂轮,对于硬而且韧、高温硬度高、热导率低的钢铁材料,则用立方氮化硼砂轮磨削较好。超硬磨料砂轮可采用树脂结合剂、金属结合剂、陶瓷结合剂进行结合。

砂轮修整的精度直接影响被磨工件的加工质量、生产效率和生产成本,是超硬砂轮使用中的一个技术难题。砂轮修整通常包括修形和修锐两个过程,普通砂轮的修形和修锐一般是同步进行的,而超硬材料砂轮的修形和修锐是分为两步进行的。修形要求砂轮有精确的几何形状,修锐要求砂轮有好的磨削性能。超硬材料的砂轮比较坚硬,很难通过别的磨料磨削来形成新的切削刃,故通过去除磨料间结合剂的方法,使磨料突出结合剂一定高度,形成新的磨粒。超硬磨料砂轮修整的方法有在线电解修整法、电火花修整法、激光修锐技术等。超精密磨削加工精度可以达到$0.1 \sim 0.05 \mu m$,糙度低于$Ra0.025 \mu m$,目前正向纳米级发展。

3.超精密研磨与抛光

(1)超精密研磨。超精密研磨是一种加工精度达$0.1 \mu m$以下、表面粗糙度达$Ra0.02 \mu m$以下的研磨方法。超精密研磨包括机械研磨、化学机械研磨、浮动研磨、弹性发射加工以及磁力研磨等加工方法。超精密研磨加工出的球面度可达$0.025 \mu m$,表面粗糙度可达$Ra0.003 \mu m$。利用弹性发射加工可加工出无变质层的镜面,表面粗糙度可达0.5nm。超精密研磨的关键条件是几乎无振动的研磨运动、精密的温度控制、洁净的环境以及细小而均匀的研磨剂,此外高精度检测方法也必不可少。超精密研磨主要用于加工高表面质量与高平面度的集成电路芯片、光学平面以及蓝宝石窗口等。

(2)抛光。抛光是利用机械、化学或电化学作用,使工件获得光亮、平整表面的加工方法。抛光的主要工具用品有软轮和磨膏等。软轮用皮革、毛毡、帆布等材料叠制而成,具有一定的弹性,以便抛光时能按工件形状而变形,增加抛光面积或加工曲面。磨膏由磨料和油脂(包括硬脂酸、煤油、石蜡等)配置而成。磨料的种类由工件材料决定,如:钢制零件抛光可选用氧化铁粉及刚玉;铸铁件抛光可选用氧化铁粉及碳化硅粉;有色合金抛光宜选用氧化铬及金刚砂。抛光一般安排在工件精加工之后,抛光后的工件,粗糙度 Ra 值可达 $0.1 \sim 0.012 \mu m$,并能明显增加光亮度,但不能保持原有的精度。抛光可在抛光机或砂带磨床上进行。

第三节 先进制造生产模式

制造模式是指企业体制、经营、管理、生产组织和技术系统的形态和运作的模式。在市场竞争日趋激烈和变化多端的环境中,企业必须能够适应产品更短的生命周期,品种多样化和生产批量小的生产要求,以最少的库存和在制品数量、最短的上市时间提供质优价廉的产品,才能在竞争中站稳脚跟。近年来,企业越来越注重采用先进的制造生产模式来达到降低成本,提高生产率的目标。

一、敏捷制造

敏捷制造是一种结构,在这个结构中每一个公司都能开发自己的产品和实施自己的经营战略,构成这个结构的基石是三种基本资源:有创新精神的管理结构和组织;有技术、有知识的高素质人员;先进制造技术

(柔性制造技术和智能制造技术)。①敏捷源于以上三种制造资源的有效集成。

(一)敏捷制造的主要概念

1. 全新企业概念

通过网络建立信息交流"高速公路",以竞争能力和信誉为依据选择合作伙伴,将产品涉及的不同地点的企业、工厂、车间重新协调、组织而建成没有围墙、超越空间约束的"虚拟动态企业"。虚拟企业是依靠计算机网络联系、统一指挥的"临时"合作的经济实体,从策略上不强调全能,也不强调产品,从头到尾都是自己开发、制造。

2. 全新的组织管理概念

敏捷企业是以任务为中心、以多学科群体为基层组织的一种动态组合。它提倡以"人"为中心和"基于统观全局管理"的模式,要求各个项目组都能了解企业全局,明确工作目标、任务和时间要求,在完成任务过程中可以用分散决策代替集中控制,用协商机制代替递阶控制机制,提高经营管理目标,尽善尽美、尽快地满足用户的特殊需要。敏捷企业强调把职权下放到项目组,强调技术和管理结合,在先进柔性制造技术的基础上,通过计算机网络联系多功能项目组的"虚拟公司",把全球范围内的各种资源集成在一起,实现技术、管理和人的集成。

3. 全新的产品概念

敏捷制造的产品进入市场后,可以根据用户需要进行改变,得到新的功能和性能,即使用柔性和模块化的产品设计方法,依靠极大丰富的通信和软件资源,进行性能和制造过程仿真。敏捷制造为保证用户在整个产品生命周期内满意,企业将质量跟踪持续到产品报废为止,甚至包括产品的更新换代。

4. 全新的生产概念

产品成本与批量无关,从产品看是单件生产,而从具体的实际和制造部门看,却是大批量生产。高度柔性化、模块化、可伸缩的制造系统的规模是有限的,但在同一系统内可生产出产品的品种却是无限的。

---

①刘峰善. 钳工工艺与实训[M]. 济南:山东科学技术出版社,2006.

(二)敏捷制造的基本特点

1.敏捷制造是自主制造系统

敏捷制造系统具有自主、简单、易行、有效的特点。每个工件的加工过程、设备利用及人员投入都由本单元自己掌握和决定;以产品为对象的敏捷制造,每个系统只负责一个或若干个同类产品的生产,易于组织小批或单件生产,不同产品的生产可以重叠进行;可将产品较复杂的项目组分成若干单元,使每一单元相对独立地对产品生产负责,单元之间分工明确,协调完成一个项目组的产品。

2.敏捷制造是虚拟制造系统

敏捷制造系统是一种以适应不同产品为目标构造的虚拟制造系统,它能够随环境变化迅速地动态重构,对市场变化做出快速的反应,实现生产的柔性自动化。实现产品目标的主要途径是组建虚拟企业,虚拟企业的主要特点是:功能、机构虚拟化,动态组织柔性虚拟化,地域虚拟化,产品开发、加工、装配、营销分布在不同地点,通过计算机网络加以协调和连接。

3.敏捷制造是可重构的制造系统

敏捷制造系统设计过程不是预先按规定需求范围建立的过程,而是使制造系统从组织结构上具有可重构、可重用和可扩充三方面的能力。通过对制造系统硬件重构和扩充,适应新的生产过程,完成预计变化的活动,要求软件可重用,能对新制造活动进行指挥、调度与控制。

二、精益生产

(一)精益生产的内涵

精益生产方式是指用多种现代管理手段和方法,以社会需求为依据,以充分发挥人的作用为根本,有效配置和合理使用企业资源,最大限度地为企业谋求经济效益的一种新型生产方式。

精益生产的核心内容是准时制生产方式(JIT),准时制的核心是及时,在一个物流系统中,原材料准确及时地提供给加工单元(或加工线),零部件准确无误地提供给装配线。该种方式通过看板管理,成功地制止了过量生产,从而彻底消除产品制造过程中的浪费,实现生产过程的合理性、高效性和灵活性。

如果把精益生产体系看作一幢大厦,它的基础就是在计算机网络支持下的、以小组方式工作的并行工作方式。在此基础上的三根支柱就是:第一,全面质量管理。它是保证产品质量,达到零缺陷目标的主要措施。第二,准时生产和零库存。它是缩短生产周期和降低生产成本的主要方法。第三,成组技术。这是实现多品种、按顾客订单组织生产、扩大批量、降低成本的技术基础。这幢大厦的屋顶就是精益生产体系,如图4-1所示。

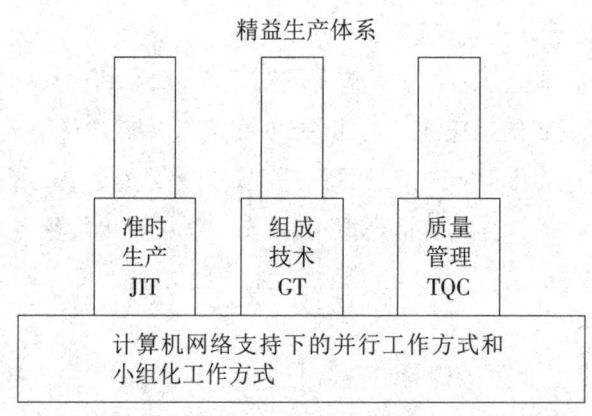

图4-1 精益生产的体系构成

(二)精益生产方式的特征

1. 以用户为"上帝"

尽可能满足用户的需求,通过分析用户的消费需求来开发新产品。产品的适销性、适宜的价格、优良的质量、快的交货速度、优质的服务是面向用户的基本内容。

2. 强调人的作用,充分发挥人的创新精神

精益生产方式把工作和责任最大限度地转移到直接为产品增值的工人身上,而且任务分配到小组,实行小组工作法。减少不直接增值的工人,并加大了工人对生产的自主权,发挥了团队精神,更有利于精益生产的推行。

3. 以"精简"为手段

在组织机构方面实行精简化,降低加工设备的投入总量,简化生产制

造过程,采用准时和看板方式管理物料,减少库存管理人员、设备和场所。

4.项目组和并行设计

项目组由不同部门的专业人员组成,以并行设计方式开展工作,全面负责一个产品型号的开发和生产,包括产品设计、工艺设计、编制预算、材料购置、生产准备及投产等工作,并根据实际情况调整原有的设计和计划。

5.采用拉动式生产方式

精益生产方式把组织生产的方式,由传统的推动式变成拉动式。以市场需求拉动企业生产,在物料的生产和供应中严格实行准时生产制,做到按需要的时间和需要的数量,向需要的部门或岗位提供所需要的物料。

6."零缺陷"工作目标

精益生产所追求的目标不是"尽可能好一些",而是"零缺陷"。即最低的成本、最好的质量、无废品、零库存与产品的多样性。

三、并行工程

(一)并行工程的特点

1.并行特性

并行工程的最大特点是把产品全过程尽可能同时(或并行)考虑处理,在产品的设计阶段就并行地考虑了产品整个产品生命周期中的所有因素,研制周期将明显地缩短。这样设计出来的产品不仅具有良好的性能,而且易于制造、检验和维护。

2.整体特性

并行工程哲理认为,制造系统(包括制造过程)是一个有机的整体,在空间中似乎相互独立的各个制造过程和知识处理单元之间,实质上都存在着不可分割的内在联系,特别是丰富的双向信息联系。并行工程强调全局性地考虑问题,即产品研制者从一开始就考虑到产品整个生命周期中的所有因素。局部或某个过程、某个分系统的最优并不能满足并行制造的要求,并行工程追求的是整体最优,有时为了保证整体最优,甚至可能不得不牺牲局部的利益。

3. 协同特性

并行工程特别强调设计群体的协同工作。现代产品的功能和特性越来越复杂,产品开发过程涉及的学科门类和专业人员也越来越多,如何取得产品开发过程的整体最优,其关键是如何很好地发挥掌握先进技术的人的群体作用,组织一个包括与产品开发全过程有关的各部门的工作技术人员的多功能小组,小组成员在设计阶段协同工作,设计产品的同时设计与之有关的全部过程。为此,并行工程方法非常注重协同的组织形式、协同的设计思想以及所产生的协同效益。

4. 集成特性

并行工程是一种系统集成方法,具有人员集成、信息集成、功能集成和技术集成的特性。人员集成指管理者、设计者、制造者、支持者以至用户集成为一个协调的整体;信息集成指产品全生命周期中各类信息的获取、表示、表现和操作工具的集成和统一管理;功能集成指产品全生命周期中企业内各部门功能集成以及产品开发企业与外部协作企业间功能的集成;技术集成指产品开发全过程中涉及的多学科知识以及各种技术、方法的集成,形成集成的知识库、方法库。

(二)并行工程的核心技术

并行工程是一种系统化、集成化的产品开发模式,其核心就是组建集成产品开发团队(简称IPT)和产品开发过程重构。

1. 集成产品开发团队

集成产品开发团队是并行工程唯一的组织模式。这种模式和串行工程的组织模式相比较有着显著的不同:首先,在组建集成产品开发团队时,针对产品开发过程中的不同阶段选择有着相对应专业背景的技术人员。其次,所有的产品开发技术人员是在统一的规划和组织下,共同完成产品及相关过程的设计。再次,集成产品开发团队负责整个产品过程的开发和设计。最后,在开发过程中,不同专业的技术人员一方面负责自己相对应专业产品过程的开发和设计,同时虚心接受其他人员对自己成果提出的审查意见,一方面又依靠自身知识水平对其他开发人员的成果进行技术审查。这种组织模式能够最大限度地实现产品开发过程的整体优化。

2.产品开发过程重构

并行工程和串行工程开发方式的本质区别就是并行工程把产品开发过程中的各个子过程看成了一个集成的过程,是从全局优化的角度对这个集成过程进行管理和控制,并且对已发生的过程进行不断的改进。由于IPT打破了传统的功能部门的界限,所以产品开发过程之间也就没有了严格的界限,这使得产品开发过程中的活动具有了高度的随机性。

第四节 面向环境的绿色制造

20世纪人类的文明和进步达到了前所未有的高度,生产力水平得到了极大的提高,科学技术飞速发展,为人类社会创造了大量的财富。但是人类生产力的飞速发展也是一把双刃剑,导致了世界范围的自然资源和能源危机,环境污染严重,生态平衡遭到破坏,人口急剧增长,对人类的生存甚至地球形成了极大的威胁,世界的发展与生态环境之间存在着越来越紧张的关系。这直接导致了绿色制造的产生,绿色制造是人类可持续发展的必然需要。

所谓的绿色制造(green manufacturing,GM),又称环境意识制造(environmentally conscious manufacturing,ECM)或面向环境的制造(manufacturing for environment,MFE),是指在保证产品的功能、质量、成本的前提下,综合考虑环境影响和资源效率的现代制造模式。它使产品在从设计、制造、使用到报废的整个产品生命周期中环境污染最小化,使资源利用率最高,使能源消耗最低。[①]

[①]李良雄.国家中等职业教育改革发展示范学校建设系列成果 钳工工艺与实训[M].重庆:重庆大学出版社,2014.

一、绿色制造的主要内容

（一）绿色设计

绿色设计是获得绿色产品的基础。它是指在产品生命周期的全过程中，充分考虑对资源和环境的影响，在考虑产品的功能、质量、开发周期和成本的同时，优化有关设计因素，使得产品及其制造过程对环境的影响和资源的消耗最小。因此，绿色设计准则包括：第一，环境准则，即降低物流和能源的消耗、减少环境污染、有利于职业健康和安全生产。第二，技术准则，即具有规定的功能和预期寿命、保证产品。第三，经济性准则，即费用最低和利润最大。第四，人机工程准则，即满足个性化需求并具有良好的使用性能。

1.绿色设计的方法

绿色设计涉及机械制造学科、材料学科、管理学科、社会学科、环境学科等诸多学科的内容，具有较强的多学科交叉特性。因此，仅用某一种设计方法是难以满足绿色设计的要求的。绿色设计是设计方法集成和设计过程集成，是一种综合了面向对象技术、全生命周期设计的系统设计方法，是集产品的质量、功能、寿命和环境于一体的设计系统。绿色设计过程就是将产品全生命周期内为适应挑战性要求而提出的所有技术属性、商业属性、社会属性和环境属性汇集起来的过程。

要实现绿色设计，首先要实现人员的集成，即采用绿色协同工作组（green team work，GTW）的模式。GTW 小组由环保技术人员、产品设计人员、工艺设计人员、市场营销人员、维护服务人员、回收处理人员、职业健康及安全监督人员等组成。其次，绿色设计需要一定的支撑环境，包括支持绿色设计的知识库及相关评价体系等。

与传统设计相比，绿色设计实现了各环节之间的信息交流与反馈，在每一次决策中都能从产品全生命周期的角度考虑问题、全局优化，从而消除了产品设计过程中的反复修改。而且在设计过程中将产品寿命终结后的拆卸、分离、回收、处理等环节都考虑进去，使所设计的产品从概念形成到寿命终结再回收处理形成一个闭环过程，满足了产品生命周期全程的绿色要求。

2.绿色设计的关键技术

(1)面向拆卸的设计(design for disassembly,DFD)。在设计过程中,将可拆卸性作为设计目标之一,使产品的结构不仅便于制造和具有良好的经济性,而且便于装配、拆卸、维修和回收。可拆卸性是产品的固有属性,单靠计算和分析是设计不出好的可拆卸性能的,需要根据设计和使用、回收中的经验,拟定准则,用以指导设计。拆卸设计的设计准则有拆卸工作量最少准则、结构可拆卸准则、拆卸易于操作准则、易于分离准则和产品结构的可预估性准则等。

(2)面向回收的设计(design for recyclability,DFR)。这里所说的"回收"是区别于通常意义上的废旧产品回收的一种广义回收。它包含以下几种方式:重用(reuse)、再加工(remanufacturing)、高级回收(primary recycling,重新处理的零件材料应用于更高价值的产品中)、次级回收(secondary recycling,回收的零部件用于低价值的产品中)、三级回收(tertiary recycling,化学分解回收)、四级回收(quaternary recycling,也称燃烧回收)、处理(disposal主要指填埋)。

回收设计就是实现广义回收的一种设计思想和方法,即在进行产品设计时,充分考虑产品零部件及材料回收的可能性、回收价值大小、回收处理方法、回收处理结构工艺性等一系列与回收有关的问题,以达到零部件及材料和能源得到充分利用,且环境污染最小的目的。

回收设计的主要内容包括产品零部件的回收性能分析、可回收材料及其标志(编码)、可回收工艺及方法、回收的经济性分析、可回收产品结构工艺性等几方面的内容。

(3)绿色设计的数据库与知识库。绿色设计涉及产品全生命周期过程,因此绿色设计数据包括产品全生命周期过程中的所有数据,如材料数据、不同材料的环境负荷值、材料的自然及人工降解周期、制造、装配、销售及使用过程中产生的废弃物数量及能耗,回收分类特征数据及产品全生命周期各阶段的费用及时间等。由此可见,绿色设计的数据库与知识库也是工程数据库,但具有数据类型和数据结构复杂、动态变化的特点,因而在设计构造绿色设计的数据库与知识库时,要充分考虑其特殊需求。

(二)绿色材料

绿色材料也被称为生态环境材料、环境意识材料或环境协调材料。绿色材料选择要求产品设计人员改变传统的选材程序和步骤,选材时不仅要考虑产品的使用条件和性能,而且应考虑环境约束准则,同时必须了解材料对环境的影响,选用无毒、无污染材料及易回收、可重用、易降解材料。绿色设计对材料的要求也为材料科学的发展提出了新的挑战,即能提供或生产出适合绿色产品设计的绿色材料。除合理选材外,同时还应加强材料管理。

绿色产品设计的材料管理包括两方面内容:一方面不能把含有有害成分与无害成分的材料混放在一起;另一方面达到寿命周期的产品,有用部分要充分回收利用,不可用部分要采用一定的工艺方法进行处理,使其对环境的影响降低到最低限度。

选择绿色材料应遵循以下几个原则:第一,尽量选用易于回收、再利用、再制造或易于降解的材料。第二,尽量选用低能耗、少污染的材料。第三,尽量选择环境兼容性好的材料。

(三)绿色工艺

绿色工艺是指既能提高经济效益,又能减少环境影响的加工技术,它与清洁生产密切相关。它要求在提高生产效率的同时,必须兼顾减少或消除危险废物及有毒化学品的用量,改善劳动条件,减少对操作者的健康威胁和相关环境的污染,并能生产出安全的、与环境兼容的产品。

根据制造业的特点,绿色制造工艺应该具有如下特点:设计人员必须具有良好的环境意识,能够掌握现代化的技术工具;广泛采用标准化、模块化的零部件;尽量简化工艺、优化配置;减少不可再生资源和短缺资源的使用量。

(四)绿色包装

绿色包装作为产品的包装已经成为一个研究的热点。各种包装材料占据了废弃物的很大一部分份额,这些包装材料在使用和废弃后的处置给环境带来了极大的负担。因此,产品应简化包装,或尽量选择无毒、无公害、可回收或易于降解的材料,如纸等,既可减少资源的浪费,又可减少对环境的污染和废弃后的处置费用。目前这方面的研究很广泛,大致可以分为包装材料、包装结构和包装废物回收处理三个方面。当今世界主要工业国应要求包装做到"3R1D"原则,即reduce(减量化)、reuse(回收重用)、recycle(循环再生)和degradable(可降解)。

(五)绿色处理

绿色处理(即回收)在产品的生命周期中占有重要的位置,正是通过各种回收策略,使产品的生命周期形成了一个闭合的回路,寿命终了的产品最终通过回收又进入下一个生命周期的循环之中。它们包括重新使用或利用、继续使用或利用。为了便于产品的绿色处理,一般在设计中主要考虑产品的材料和结构设计。

二、绿色制造的发展趋势

绿色制造近年来的研究非常活跃,研究内容体系也正在形成,其发展趋势为以下几个方面。

(一)全球化

绿色制造的研究和应用将越来越体现全球化的特征和趋势。首先,制造业对环境的影响往往是超越空间的,人类需要团结起来,保护我们共同拥有的唯一的地球。其次,随着近年来全球化市场的形成,绿色产品的市场竞争也将是全球化的。最后,近年来许多国家要求进口产品要进行绿色性认定,要有"绿色标志",特别是有些国家以保护本国环境为由,制定了极为苛刻的产品环境指标来限制国际产品进入本国市场,即设置"绿色贸易壁垒"。绿色制造将为我国企业提高产品绿色性提供技术手段,从而为我国企业消除国际贸易壁垒进入国际市场提供有力的支撑,这也从另外一个角度说明了绿色制造全球化的特点。

(二)社会化

绿色制造的研究和实施需要全社会的共同努力和参与,以建立绿色制造所必需的社会支撑系统。

企业要真正有效地实施绿色制造,必须考虑产品寿命终结后的处理,这就可能导致企业、产品、用户三者之间新型集成关系的形成。例如,有人建议,需要回收处理的主要产品,如汽车、冰箱、空调、电视机等,用户只买了使用权,而企业拥有所有权,有责任进行产品报废后的回收处理。

无论是绿色制造涉及的立法和行政规定以及需要制定的经济政策,还是绿色制造所需要建立的企业、产品、用户三者之间新型的集成关系,均是十分复杂的问题,其中又包含大量的相关技术问题,均有待于深入研究,以形成绿色制造所需要的社会支撑系统。这些也是绿色制造今后研究内容的重要组成部分。

(三)智能化

人工智能和智能制造技术将在绿色制造研究中发挥重要作用。绿色制造的决策目标体系是现有制造系统 TQCS 目标体系与环境影响 E 和资源消耗 R 的集成,即形成了 TQCSRE 的决策目标体系。这些目标的优化,是一个难以用一般数学方法处理的十分复杂的多目标优化问题,需要用人工智能方法来支撑处理。另外,在绿色产品评估指标体系及评估专家系统中,均需要人工智能和智能制造技术。

基于知识系统、模糊系统和神经网络等的人工智能技术将在绿色制造研究开发中起到重要作用。如在制造过程中应用专家系统识别和量化产品设计、材料消耗和废弃物产生之间的关系;应用这些关系来比较产品的设计和制造对环境的影响;使用基于知识的原则来选择实用的材料等。

(四)产业化

绿色制造的实施将导致一批新兴产业的形成。

1. 绿色产品制造业

制造业不断研究、设计和开发各种绿色产品,以取代传统的资源消耗较多和对环境负面影响较大的产品,将使这方面的产业持续兴旺发展。

2. 实施绿色制造的软件产业

企业实施绿色制造,需要大量实施工具和软件产品,如计算机辅助绿色产品设计系统、绿色工艺规划系统、绿色制造决策系统、产品生命周期评估系统、ISO 14000 国际认证支撑系统等,将会推动新兴软件产业的形成。

第五章 钳工的操作技能

钳工是以手工操作为主,使用钳工工具或机械设备,按照技术要求,完成零件的制造、装配和修理的工种。相对来说,钳工的劳动强度大,生产率低,对工人的技术要求也较高,但所用工具简单,操作灵活多样,可以完成机械加工不便或难以完成的工作。因此,目前在机械制造和装配维修工作中,钳工仍是不可缺少的重要工种。

第一节 钳工专业基础知识

要成为一名合格的钳工,首先要了解并熟练掌握钳工的专业的基础知识,包括钳工职业能力、操作安全须知、机械识图等。

一、钳工职业能力

作为切削加工、机械装配和修理作业中的手工作业,钳工是机械制造业中的重要工种,其作业主要包括划线、锉削、錾削、钻孔、扩孔、锪孔、铰孔、攻螺纹、套螺纹、刮削、研磨、矫正、弯曲和铆接等。[1]

钳工操作是机械制造业中最古老的加工技术之一。各种金属切削机床的发展和普及,虽然逐步使大部分钳工作业实现了机械化和自动化,但在机械制造过程中钳工操作仍是广泛应用的基本技术。其原因:一是划线、刮削、研磨机械装配等钳工作业,至今尚无适当的机械化设备可以全部代替;二是某些精密的样板、模具、量具和配合表面(如特殊导轨面

---

[1] 韩刚. 实用钳工速查手册[M]. 济南:山东科学技术出版社,2007.

和特殊轴瓦等），仍需要依靠工人的手艺做精密加工；三是在单件、小批量生产、修配工作或缺乏设备的条件下，采用钳工制造某些零件仍是一种经济适用的方法。

钳工技能不是简单的经验积累，钳工的工作对象不限于一般的重复性工作。钳工技能的本质在于人体器官能力的适当延伸，包括体力的直接延伸和脑力的恰当延伸。钳工能力体现在能够合理地运用现有的工具完成某一项作业，能够为某一项作业制造适用的手动工具，能够实施新的手工作业或对现行手工作业进行优化，以提高工效和作业质量。因此，钳工的劳动不是简单的手工劳动，钳工的能力不乏创造意义。从事或准备从事钳工职业的人员，应具备最基本的职业能力，并经过培训学习和职业技能鉴定考核获得职业资格。

二、钳工操作的安全须知

（一）钳工安全操作基本规程

1. 工作前先检查工作场地及工具是否安全，若有不安全之处及损坏现象，应及时清理和修理，并安放妥当。

2. 使用虎钳时，应根据工件精度要求，加放垫铁；不允许在钳口上猛力敲打工件；板紧虎钳时，应用力适当，不能加加力杆；虎钳使用完毕，须将虎钳打扫干净，并将钳口松开。

3. 使用錾子，应将尾部毛刺磨掉；錾切时严禁錾口对人，并注意铁屑飞溅方向，以免伤人；使用榔头时，首先要检查手柄是否松脱，并擦净油污；握榔头的手不准戴手套。

4. 使用手锯时，必须按规定装拆锯条，不能将锯条直接敲断；锯削时，工件必须夹紧，不得松动，以防锯条折断伤人；工件将要锯断时，要轻轻用力，以防压断锯条或工件落下伤人。

5. 使用的锉刀必须带锉刀柄，锉刀不得沾油，存放时不得互相叠放；锉刀、刮刀不能当锤子、撬棒或样冲使用，以防折断伤人。

6. 扳手规格要与螺母规格一致，使用时要注意扳手滑脱伤人；扳手不允许当榔头使用。

7. 使用电钻前，应检查是否漏电，并将工件放稳，人要站稳，手要握紧电钻;两手用力要均衡并掌握好方向,保持钻杆与被钻工件面垂直。

8.检修设备时,首先必须切断电源;拆卸修理过程中,拆下的零件应按拆卸程序有条理地摆放,并做好标记,以免安装时弄错;拆修完毕,要认真清点工具、零件是否丢失,严防工具、零件掉入转动的机器内部。

9.设备在安装和检修过程中,应认真作好安装和检修的技术数据记录,如设备有缺陷或进行了技术改进,应全面做好处理缺陷或改进的施工详细记录。

10.工作完毕后,收放好工具、量具、擦洗设备、清理工作台及工作场所,精密量具应仔细擦净后存放在盒子里。

(二)钳工生产实训场地注意事项

1.严格遵守设备安全操作规程和安全规章制度。

2.进入实训场地,应服从老师指导;实训过程中要互相关心、互相照顾;发现违反安全技术操作规程的现象应及时报告老师。

3.实训前必须按照规定穿戴好工作服、工作鞋和工作帽及其他必要的劳保用品,不准穿拖鞋、赤脚、赤膊、敞衣服进入实训场地。

4.实训过程中要精神集中,未经老师同意,不得擅离实训岗位;不准在实训场地打闹、大声喧哗或做与实训无关的事。

5.在使用设备前应进行检查,发现故障及时报告;不准擅自动用不熟悉的工具、设备。

6.清除铁屑需用毛刷,不允许用手清除,更不允许用嘴吹。

7.使用钻床时严禁戴手套,开合闸刀时,应小心触电,使用完毕后应及时切断电源。

8.若发生人身、设备事故,应立即报告,及时处理,不得隐瞒,以防事故扩大。

三、机械识图

(一)基本视图与三视图

视图是机件向投影面投影所得的图形。现行标准规定:视图一般只画机件的可见部分,必要时才画出其不可见部分。视图主要用来表达机件的外部结构形状。现行标准将视图分为基本视图、斜视图、局部视图、旋转视图等。

1. 基本视图

（1）基本视图的名称及投影方向。以正六面体的六个面作为绘制机件图样时所采用的基本视图。它们的名称和投影方向规定如下：主视图，由前向后投影所得的视图；俯视图，由上向下投影所得的视图；左视图，由左向右投影所得的视图；右视图，由右向左投影所得的视图；仰视图，由下向上投影所得的视图；后视图，由后向前投影所得的视图。

（2）投影面的展开及基本视图相互位置。六个投影面的展开方法是，正立投影面（主视图）不动，其余各投影面按图5-1所示的方向旋转，使各面与正立投影面（主视图）共面。展开后各基本视图的位置关系如图5-2所示，即俯视图在主视图的下方；仰视图在主视图的上方；左视图在主视图的右方；右视图在主视图的左方；后视图在左视图的右方。由此可以看出，机件的主视图一旦被确定后，其他各基本视图的投影方向也就完全被确定了，它们与主视图之间的相互位置关系也就随之被确定，在同一张图上一律不标注视图名称。

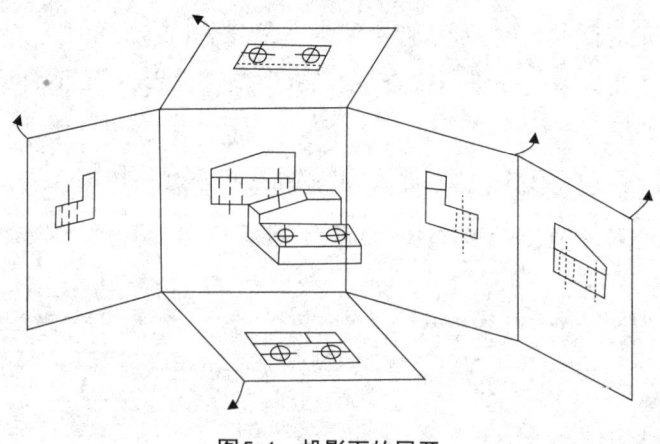

图5-1　投影面的展开

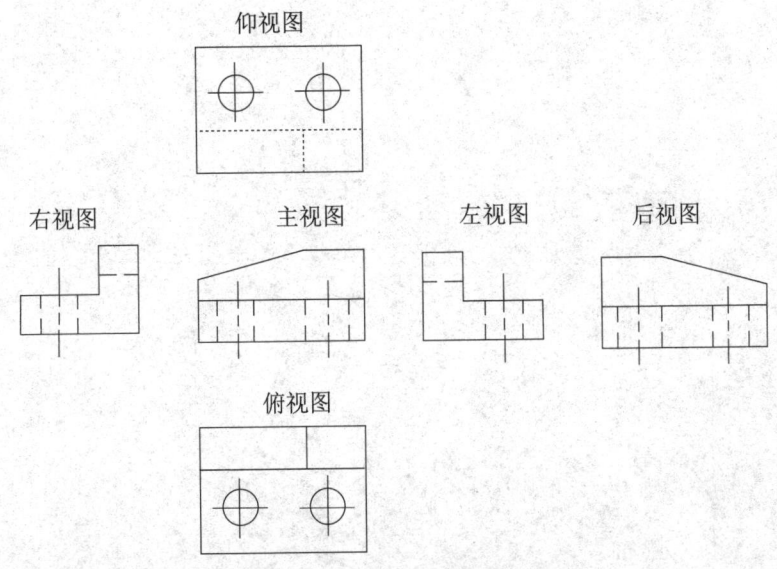

图5-2 基本视图相互位置关系

如不能按基本视图所规定的位置画图,即不能按图5-2安排视图(国家标准规定)画图时,应在视图的上方标出视图的名称"×向",在相应的视图附近用箭头指明投影方向,并注上同样字母。

2.三视图

(1)正投影的基本概念。如果用平行光线从物体的前面照射,则在物体后面的平面上会出现一个物体图形,现以定位键为例加以说明,如图5-3所示。我们称定位键后的平面为正立投影面;在投影面上的图形称该零件的投影图;平行光线称为投影线;当投影线互相平行且垂直于投影面,就称为正投影,所得的图形称为正投影图。在画零件的图时,人的视线作为投影线,正对着零件看,在投影面上所得的投影图称为主视图。

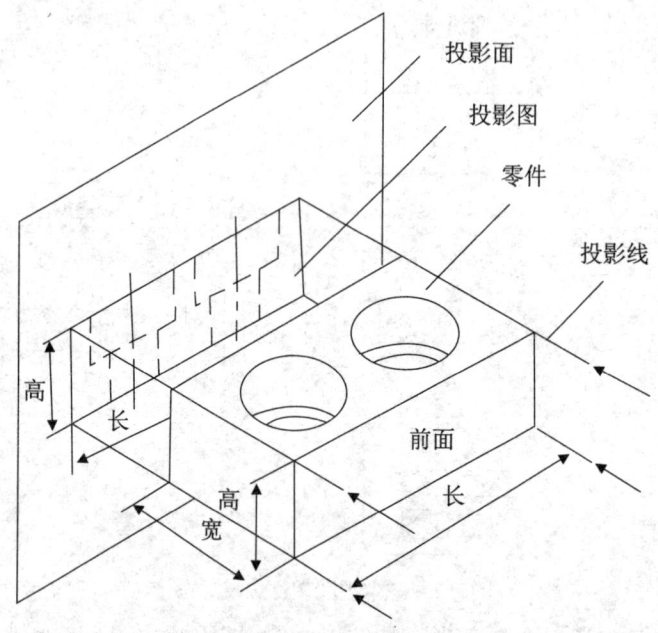

图5-3 正投影图

(2)三视图投影。零件只向一个投影面投影所得的土视图,不能完全反映其形状和大小,所以通常将零件放在三个互相垂直的投影面体系中,分别向三个投影面进行投影。

如图5-4所示,为了完整地表示定位键的真实形状,将它放在三个投影面中间。正对着我们的投影面叫正面(正立投影面),水平放置的投影面叫水平面,右边垂直放置的投影面叫侧面。

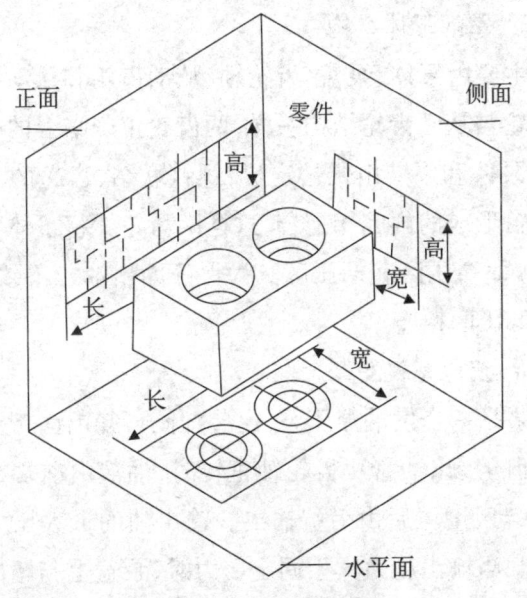

图5-4 三视图的形成

(二)识读装配图

装配图的识读要点主要有三点:第一,了解装配图的名称、用途、结构及工作原理。第二,了解各零件间的联结方式及装配关系。第三,弄清各零件的结构形状和作用,想象出装配体中各零件的动作过程。例如,以齿轮泵装配图为例具体说明装配图的识读方法。

1. 概括了解,弄清表达方法

例如,由标题栏可知,装配体为一齿轮泵,采用的比例是1:1。明细表中列出该齿轮泵共由15种(共20件)零件构成,结构较简单。

齿轮泵的表达方案共用了三个基本视图。主视图采用局部剖视图,剖切部分表达齿轮轴和齿轮的啮合情况以及它们与泵体、泵盖的配合情况,同时表达了齿轮轴输入端的密封情况。未剖部分与俯视、左视图的对应部分表达泵体和泵盖的外形。俯视图中有两处局部剖,顶部的局部剖表示泵体和泵盖是采用螺钉联结。中部剖切表达该齿轮泵安全装置的内部结构及输入油口的形状。未剖部分与左视图相应部分表达底板的形状和安装孔的位置、结构。左视图主要表达泵盖的外形和螺钉联结的分布情况。

2.具体分析,掌握形体结构

该齿轮泵主要由泵体、泵盖、齿轮轴、从动齿轮和从动轴构成。其中齿轮轴上的齿轮与从动齿轮结构一样,两齿轮正确啮合的中心距由泵体和泵盖保证。泵体和泵盖由锥销定位,螺钉联结,齿轮的齿宽和齿顶分别与泵体和泵盖形成的内腔相配合,这样两齿轮就将泵体和泵盖的内腔分隔成两部分,即高压区和低压区。为保证输出油压不致太高,泵盖上有安全装置和低压区相连。

3.综合分析,获得完整的概念

列举齿轮泵是一个供油液压泵,由装配图可知前面带锥螺纹的通孔接进油管,后面的接出油管。齿轮轴正转时,油液由前端在大气压作用下进入齿轮啮合区增压后由后端输出。输出油的最大压力由安全装置中的弹簧调节。当输出压力大于调定压力时,泵盖上与输出端相连的小孔内压力增大,推动钢球压缩弹簧,油液可直接回到输入区,起溢流的作用,直到输出端压力等于调定压力。

第二节 钳工的常用设备与量具

钳工的工作离不开各式各样的设备与量具,本节主要介绍钳工工作中常见的几类设备与量具。

一、钳工常用的设备

(一)钳台

钳工工作位置除了机器装配外,大多在钳工工作台上进行零件加工和零部件装配工作,工作台是钳工主要工作位置。

钳工工作台(下称钳台)一般由木质材料制成或钢质材料焊接而成。钳台由台虎钳、防护网(防止錾削飞屑)、测量用小平板及工作灯组成。

钳台的高度一般在800~900mm,为了提高锉削效能、减少体力消耗和疲劳,应根据本人身高选择适合本人高度的钳台。钳台应放置在便于工作和光线适宜的地方,钳台间距不应少于800mm,工作场地应经常保持整洁,养成文明生产和安全生产的习惯。

(二)台虎钳

台虎钳是用来夹持工件的通用夹具,其规格以钳口的宽度来表示,常用的有100mm(4in)、125mm(5in)和150mm(6in)等。台虎钳有固定式和回转式两种,其结构基本相同。台虎钳的正确使用与维护方法主要有以下几种:

1. 台虎钳安装在钳台上时,必须使固定钳身的钳口工作面处于钳台边缘之外,以便在夹紧长条工件时,工件的下端不受钳台边缘的阻碍。台虎钳安装在钳台上的高度应恰好与人的手肘相齐。

2. 台虎钳必须牢固地固定在钳台上,夹紧螺钉要扳紧,使工作时钳身不致有所松动现象,否则会影响工作。

3. 夹紧工件时必须靠手的力量来搬动手柄,不可锤击或随意加套管来搬动手柄,以免对丝杠、螺母或钳身造成破坏。

4. 强力作业时,应尽量使力量朝向固定钳身,否则将额外增大丝杠和螺母的受力。不要在活动钳身的光滑平面上进行敲击作业,以免降低其与固定钳身的配合性能。

5. 台虎钳各滑动配合表面上要经常加润滑油并保持清洁,以防止生锈。[1]

(三)钻床

钻床是一种常用的孔加工机床。在钻床上可装夹钻头、扩孔钻、锪钻、铰刀、丝锥等刀具,用来进行钻孔、扩孔、锪孔、铰孔、镗孔以及攻螺纹等工作。因此,钻床是钳工所需要的主要设备。常用的钻床有台钻、立钻和摇臂钻床三种。

(四)砂轮机

砂轮机主要用来磨削各种刀具和工具,如錾子、钻头、刮刀、车刀、铣刀等刀具或样冲、划针等工具,还可用来磨去工件或材料上的毛刺、锐边

---

[1] 赵忠刚,王义泉. 自动对中式台虎钳的设制与应用[J]. 中国机械,2014,(10): 196-197.

等,砂轮机主要由砂轮、电动机、机座、托架和防护罩组成。

为了减少尘埃污染,砂轮机最好带有吸尘装置。砂轮质地较脆,工作时转速很高,使用时用力不当会发生砂轮碎裂造成人身事故。因此,安装砂轮时一定要使砂轮平衡,装好后必须先试转,检查砂轮转动是否平稳,有无振动或其他不良现象。使用时,要严格遵守以下安全操作规程:①砂轮的旋转方向应正确,以使磨尘向下方飞离砂轮。②砂轮起动后,应先观察运转情况,待转速正常后才能进行磨削。③磨削时,操作者应站在砂轮的侧面或斜侧位置,不要站在砂轮的正面。④磨削时工件或刀具不要对砂轮施加过大的压力或撞击,以免砂轮碎裂。⑤要经常保持砂轮表面平整,发现砂轮表面严重跳动,应立即修复。⑥砂轮的托架与砂轮间的距离一般保持在3mm以内,以免磨削件卡入使砂轮破裂。

二、钳工常用的量具

(一)直尺和卡钳

1.直尺

直尺又称钢尺,是用不锈钢制成的。直尺是最基本的一种量具,尺面刻有公制或英制尺寸。直尺主要用于测量工件的长度、宽度、高度和深度。

公制直尺的刻度值为0.5mm和1mm,长度规格有150mm、200mm、300mm、500mm等,测量精度一般只能达到0.2~0.5mm。1mm以下的小数值只能靠估计得出,因此不能用于精确的测量。

2.卡钳

卡钳是最简单的量具,使用时要与直尺或其他有刻度的量具配合使用,一般用于测量精度低的工件尺寸。外卡钳用于测量工件的外表面尺寸,如轴径等。内卡钳用于测量工件的内表面尺寸,如孔径等。目前卡钳已不常用。

(二)游标卡尺

游标卡尺简称卡尺,是一种比较精密的量具,主要用于测量工件的外径、内径、长度、宽度、深度和孔距等尺寸。其结构简单,使用方便、范围广。

游标卡尺的种类较多,最常用的如图5-5所示,其测量范围有0~125mm、0~150mm和0~200mm等多种。

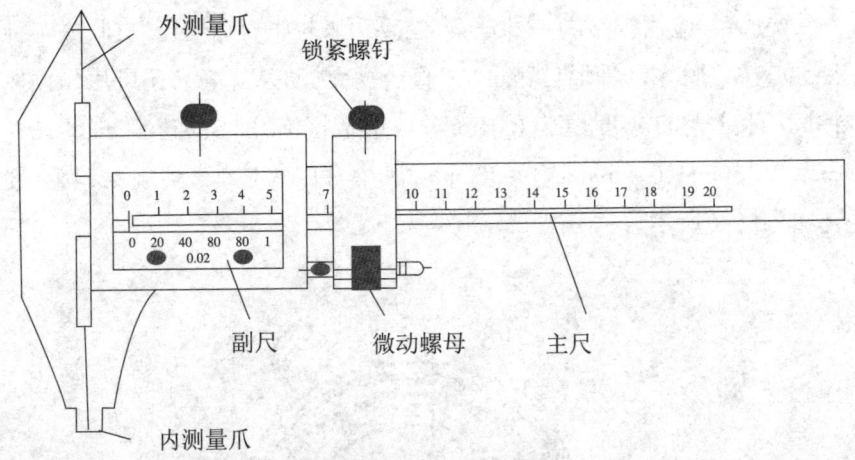

图5-5 游标卡尺的结构

游标卡尺由尺身、尺框组成。尺身上有间距为1mm的刻度,游标用螺钉固定在尺框上,尺框可在尺身上平稳移动,旋紧紧固螺钉可将尺框紧固在尺身上。深度尺的一端固定在尺框内,能随尺框在尺身背面的导向槽中移动来测量深度。尺身上的测量爪为固定量爪,尺框上的测量爪为活动量爪,上、下两组量爪分别组成内、外测量爪。外测量爪的测量面由平面和刃口两部分组成,用来测量工件外表面尺寸。内测量爪的测量面呈刃口状,用于测量零件内表面尺寸。

游标卡尺的读数准确值有0.1mm、0.05mm、0.02mm等。较常用的精度为0.02mm的游标卡尺,尺身上每小格为1mm。游标(副尺)上刻有50格刻线,当两量爪并拢时,游标上的零线与尺身(主尺)的零线对正,游标上的第50格刚好与尺身上的49mm刻线对齐,即游标上的50格刚好对准49mm刻线,则尺身与游标每格之间差值为:$1 - 49 \div 50 = 0.02$mm,此值即为该游标卡尺的精度。

读取游标卡尺数据一般分为如下3步:第一,先读取整数,根据游标零线以左的尺身上的最近刻线读出整毫米数。第二,再读取小数,根据游标零线以右与尺身上刻线对准的刻线数乘以0.02得出小数值。第三,将整数和小数部分加起来,即为总尺寸。

注意:读数时,视线要与游标刻线面垂直,以减小读数误差。

(三)百分表

百分表是应用很广的一种量具,主要用来校正机床精度、夹具或工件安装位置、检验零部件形位精度(如直线度、跳动公差等),还可用作比较测量。百分表的分度值为 0.01mm,测量范围有 0～3mm、0～5mm、0～10mm、0～30mm、0～50mm、0～100mm,其中常用的是前3种规格,其一般结构如图5-6所示。

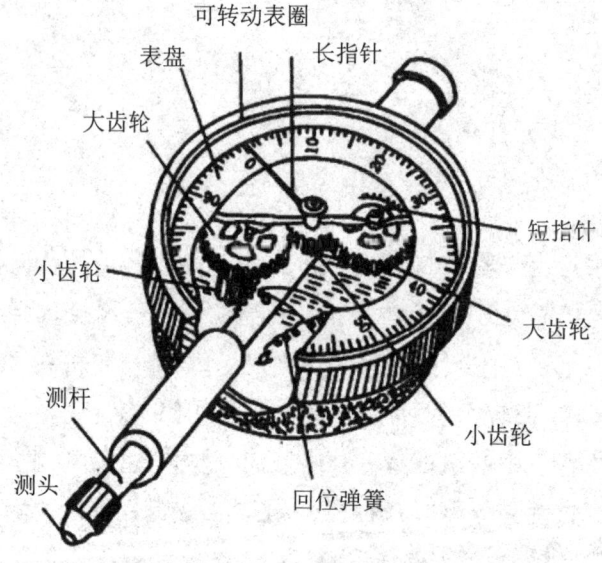

图5-6 百分表的结构

(四)外径千分尺

外径千分尺是生产中常用的测量工具。外径千分尺的构造如图5-7所示。外径千分尺可根据被测对象不同的要求,只要更换测微螺杆和测砧端部形状,可测量齿轮公法线变动量和普通螺纹的中径尺寸,典型的结构有公法线千分尺、尖头千分尺、螺纹千分尺等。

千分尺规格较多,测微螺杆的螺纹有效长度基本上都是25mm,规格大小只是尺架宽度尺寸变化不同而已。选用时可根据工件实际尺寸选一相应尺寸的规格。千分尺的规格以测量范围分有 0～25mm、25～

50mm、50～75mm、75～100mm、100～125mm、125～150mm、150～175mm等多种常用规格。

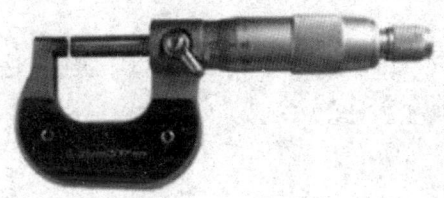

图5-7　外径千分尺

(五)其他量具

水平仪是一种测量小角度的常用量具,主要应用于检验各种机床及其他类型设备导轨的直线度和设备安装的水平位置、垂直位置。它也能应用于小角度的测量和带有V型槽的工作面,还可测量圆柱工件的安装平行度以及安装的水平位置和垂直位置。

按水平仪的外形不同可分为万向水平仪、圆柱水平仪、一体化水平仪、迷你水平仪、相机水平仪、框式水平仪和尺式水平仪。

按水准器的固定方式又可分为可调式水平仪和不可调式水平仪。

游标万能角度尺是测量角度的精密量具。通过角度尺上的元件不同组合,能测量工件内外误差角度。常用游标万能角度尺示值精度有2′、5′两种。尺身安装在扇形板上,扇形板上装有游标尺与尺身标尺组成读数系统。形板内装有小齿轮与尺身啮合,能自由调整尺身位置,由螺母夹持或放松尺身。支架分别装在扇形板和90°角尺上,用于固定或组合90°角尺和盲尺。

三、钳工常用的工具

钳工常用的工具种类较多,依据工具的动力源不同可分为手工工具、电动工具和气动工具。恰当地选择和运用工具可以使工作事半功倍,掌握各种工具的功能、用法是一项持久的学习与实践内容。

第三节 钳工的基本加工方法

一名合格的钳工要熟练掌握钳工的基本加工方法,本节主要介绍钳工工作中的基本加工方法。

一、划线

划线是钳工的基本技能之一,是确定工件加工余量,明确尺寸界限的重要方法。划线是指在毛坯或工件上,用划线工具划出待加工部位的轮廓线或作为基准的点、线的操作方法。

划线分为两种:平面划线和立体划线。按所划线在加工过程中的作用,又分为找正线、加工线和检验线。

(一)划线简介

1.平面划线

只需在工件一个表面上划线就能明确表示工件加工界线的称平面划线,如在板料、条料上划线。平面划线又分几何划线法和样板划线法两种方法。

2.立体划线

需要在工件两个以上的表面划线才能明确表示加工界线的,称为立体划线,如划出矩形块各表面的加工线以及机床床身、箱体等表面的加工线都属于立体划线。

3.划线的作用

划线是机械加工的重要工序之一,广泛应用于单件和小批量生产,是钳工应该掌握的一项重要操作技能,划线的作用如下:①确定工件加工面的位置与加工余量,给下道工序划定明确的尺寸界限。②能够及时发现和处理不合格毛坯,避免不合格毛坯流入加工中造成损失。③当毛坯出现某些缺陷时,可通过划线时的"借料"方法,来达到一定的补救。④在板料上按划线下料,可以做到正确排料,合理用料。[①]

[①]朱良英,申如意.钳工划线:机械类一体化教学课题研究[J].考试周刊,2011,(36):162-163.

(二)划线的找正与借料

1. 找正

找正就是利用划线工具使工件或毛坯上有关表面与基准面之间调整到合适位置。工件的找正如图5-8。

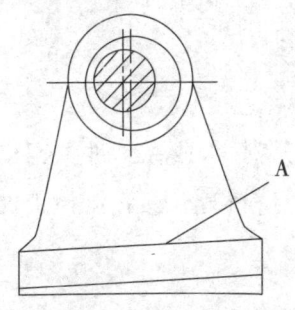

图5-8　工件的找正

(1)找正的作用。当毛坯件上有不加工表面时,通过找正后再划线,可使加工表面与不加工表面之间保持尺寸均匀;当毛坯件上没有不加工表面时,将各个加工表面位置找正后再划线,可以使各加工表面的加工余量得到均匀分布。

(2)找正的原则。当毛坯件上存在两个以上不加工表面时,其中面积较大、较重要的或表面质量要求较高的面应作为主要的找正依据,同时尽量兼顾其他的不加工表面。这样经划线加工后的加工表面和不加工表面才能够达到尺寸均匀、位置准确、符合图纸要求,而把无法弥补的缺陷反映到次要的部位上去。

2. 借料

借料就是通过试划和调整,将工件各部分的加工余量在允许的范围内重新分配,互相借用,以保证各个加工表面都有足够的加工余量,在加工后排除工件自身的误差和缺陷。借料步骤:①测量工件各部分尺寸,找出偏移的位置和偏移量的大小。②合理分配各部位加工余量,然后根据工件的偏移方向和偏移量,确定借料方向和借料大小,划出基准线。③以基准线为依据,划出其余线条。④检查各加工表面的加工余量,如发现有余量不足的现象,应调整借料方向和借料大小,重新划线。

一些铸、锻毛坯,在尺寸、形状、几何要素的位置上,存在一定的缺陷或误差。当误差不大时,通过试划线和调整可以使加工表面都有足够的加工余量,并得到恰当的分配。而缺陷和误差,加工后将会得到排除,这种补救方法叫借料。但是当毛坯件误差或缺陷太大时,无法通过借料来补救,就只能报废。

二、锯削、錾削与锉削

(一)锯削

用手锯将金属材料分割开,或在工件上锯出沟槽的操作称为锯削。锯削的用途是分割各种材料和半成品,锯掉工件上多余的部分,在工件上锯槽等。

1. 锯削操作

(1)锯削前为了保证锯削后有足够的精加工余量,并能使锯缝平直,可在所划槽线内侧约1.5mm处划槽平行线,起锯时使锯缝与所划线重合,防止锯缝歪斜。

(2)锯条应装得松紧适度,锯削时不要用力过锰,防止锯条折断而崩出伤人。

(3)工件将要锯断时压力要小,避免压力过大使工件突然断开,身体向前冲而造成事故。工件将断时要用左手扶住工件将断开的部分,防止工件落下砸伤脚。

(4)锯削时推力和压力主要由右手控制,左手所加压力不要太大,主要起扶正锯弓的作用。手锯向前推出时为切削行程,应施加压力;回程不切削,自然拉回,不加压力,工件快锯断时压力要小。

(5)推锯时锯弓的运动方式可有两种:一种是直线运动,适用于锯缝底面要求平直的槽和薄壁工件的锯削;除此以外,锯弓一般可上下摆动,这样可使操作自然,两手不易疲劳。

(6)锯削时的运动速度以20~40次/min为宜,锯削硬材料时慢些,锯削软材料时快些。

2. 棒料与管子的锯削

(1)棒料的锯削。如果要求锯削的断面比较平整,应从开始连续锯到结束。若锯出的断面要求不高,锯阻时可改变几次方向,使棒料转过一定角度再锯,由于锯削面变小而容易锯入,可提高工作效率。

(2)管子的锯削。锯削管子的时候,首先要正确装夹好管子。对于薄壁管子和精加工过的管件,应夹在有V形槽的木垫之间,以防止将管件夹扁或夹坏表面。

(二)錾削

1.錾削定义

用手锤打击錾子对金属进行切削加工的操作方法称为錾削。錾削主要用于不便于机械加工的场合,其作用就是錾掉或錾断金属,使其达到要求的形状和尺寸。它的工作范围包括去除凸缘、毛边,分割材料和錾油槽等,有时也用作较小表面的粗加工。

2.錾削操作基本要领

(1)站立姿势。錾削操作时的站立姿势为:身体与台虎钳中心线大致成45°,且略向前倾,左脯跨前半步,膝盖处稍有弯曲,保持自然,右脚站稳伸直,不要过于用力。

(2)锤击要领。挥锤时要肘收臂提,举锤过肩,手腕后弓,三指微松,锤面朝天,稍停瞬间。锤击时要目视錾刃,臂肘齐下,收紧三指,手腕加劲,锤錾一线,锤走弧形,左脚着力,右腿伸直。整体要求是:稳、准、狠。稳——速度节奏40次/min;准——命中率高;狠——锤击有力。

(三)锉削

用锉刀对工件进行切削加工的方法称为锉削。锉削尺寸精度可达0.01mm左右,表面粗糙度值最细可达$Ra0.8\mu m$左右。锉削是钳工的主要操作之一。锉削的工作范围较广,可以锉削工件的内、外表面和各种沟槽,钳工在装配过程中也经常利用锉削对零件进行修整。

三、铆接、焊接与粘结

(一)铆接

1.铆接过程

用铆钉将两个或两个以上的零件连接起来的操作叫铆接。图5-9所示为将铆钉压入铆接工件的孔内,使铆钉头1紧贴零件表面,将铆钉杆的一端3镦成铆合头2。

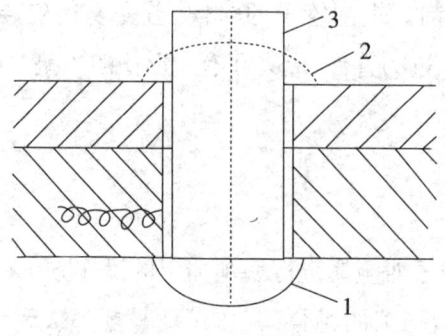

图5-9 铆接过程

2.铆接种类

(1)活动铆接。用于被铆接件可绕铆钉轴线相对转动,如剪刀、手用钳。

(2)固定铆接。包括:①坚固铆接:铆钉受到的作用力大,联接强度高,适用于车辆、桥梁等。②紧密铆接:铆钉只受很小而且均匀的压力,接缝处非常严密,如油罐、气筒。③强密铆接:铆钉既受很大压力,接缝处也要求非常严密,如压缩空气罐、蒸汽锅炉。

3.铆接方法

铆接分热铆、冷铆、混合铆三类。铆钉直径在10mm以上一般用热铆;10mm以下用冷铆。钳工范围内的铆接一般为冷铆。

手工铆接过程如下:①把工件彼此贴合。②画线、钻孔,钉孔直径按标准选用。③钻孔之后孔口要倒角,沉头铆钉钻孔之后要锪孔口。④将铆钉插入孔内。⑤把铆钉原头放在顶模,用压紧冲头压紧工件。⑥半圆头铆钉进行铆接。⑦沉头铆钉只要镦粗两端,再修平高出部分。⑧空心铆钉铆接。

(二)焊接

1.焊接分类

焊接分为熔焊、压焊和钎焊三大类,其中钎焊又可分为硬钎焊和软钎焊。钳工中多用软钎焊,最常见的软钎焊是锡焊。

锡焊是用加热的铬铁使锡合金熔化而将零件联接起来的一种操作,主要用在密封性要求好或焊接强度要求不高的联接以及电气设备接线头的联接。

2.锡焊的质量控制

为避免形成"虚焊",造成"微漏",就要注意:①焊缝处要彻底清洁。②焊接温度要合适。③焊锡数量要适宜。④焊锡充分凝固时,才可移动工件。

(三)粘结

利用粘接剂把相同(或不同)的材料或损坏的零件连接成一个连续、牢固的整体的方法叫粘接。粘接操作简单方便、连接可靠。在机械制造及设备维修中,很多都可用粘接来满足工艺要求,如以粘代焊,以粘代固等。

第六章 轮机工程基础

第一节 轮机工程力学基础

在轮机工程的学习中,学习力学知识是学生熟练掌握轮机工程知识的必经之路,轮机工程力学知识一般包括工程热力学基础、流体力学基础与理论力学基础等。

一、工程热力学基础

(一)工程热力学概述

热力学是研究热能与其他形式能量相互转换规律的科学。工程热力学是热力学的一个分支,它研究热能与机械能相互转换的基本规律,并寻求提高热能利用经济性的有效途径和方法。

在船舶轮机工程中,许多热力设备如内燃机、燃气轮机、压气机、制冷装置等都涉及热能与机械能的相互转换。因此,工程热力学是轮机工程的重要技术基础。热力学有两种研究方法:一种是宏观研究方法,另一种是微观研究方法。

工程热力学主要应用宏观研究方法,其特点是:通过大量现象总结规律,并将其普遍规律结合不同的特殊条件,推论出适应这些条件的特殊规律。由于宏观研究方法只依据经验定律和数学推导,没有作任何人为的假设,因而其得出的结论和计算公式十分可靠,可以很好地指导实践。[1]

工程热力学主要包括三方面的内容:能量转换的客观规律,即热力

---

[1]邹俊杰. 轮机工程基础[M]. 哈尔滨:哈尔滨工程大学出版社,2011.

基本定律;工质的热力性质;各种热力装置的工作过程,将热力学定律应用于工程实践。对不同过程和循环进行分析计算,探讨影响能量转换效果的因素及提高转换效率的途径。

(二)压缩机的热力过程

1.压缩机概述

压缩机是用于压缩气体的设备,在工程上有着广泛的应用。压缩机按其产生压缩气体的压力范围可分为通风机(0.01MPa表压)、鼓风机(0.01~0.3MPa表压)和压缩机(0.3MPa表压以上);按其构造和工作原理不同又可分为活塞式和叶轮式(径流式和轴流式)等。通风机和鼓风机都是叶轮式的,而压缩机则是活塞式或叶轮式的。船舶上常见的有空气压缩机和制冷压缩机等,如大中型船舶柴油机的起动常用活塞式空气压缩机,而内燃机增压则常用叶轮式压缩机。

由热力学第二定律可知,气体的自由膨胀可以自发进行,而气体的自行压缩,由低压自发变成高压是不可能的。无论什么形式的压缩机要使气体由低压变为高压,必然要消耗机械功。

本节主要讨论活塞式压缩机的工作原理、耗功量和产气量,对叶轮式压缩机的工作原理只作简单介绍。

2.单级活塞式压缩机的工作原理

单级活塞式压缩机主要由活塞1、气缸2、进气阀3、排气阀4、空气滤清器5等零部件所构成,如图6-1所示。图6-2a所示功图表示了活塞式压缩机的实际工作过程,它反映了压缩机在一个工作循环中气缸内气体压力随气缸体积的变化关系。现将压缩机的工作过程简述如下。

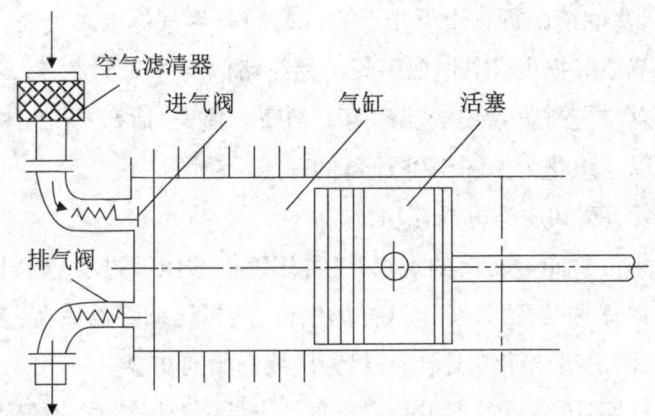

图6-1 单级活塞式压缩机主要零部件构成1

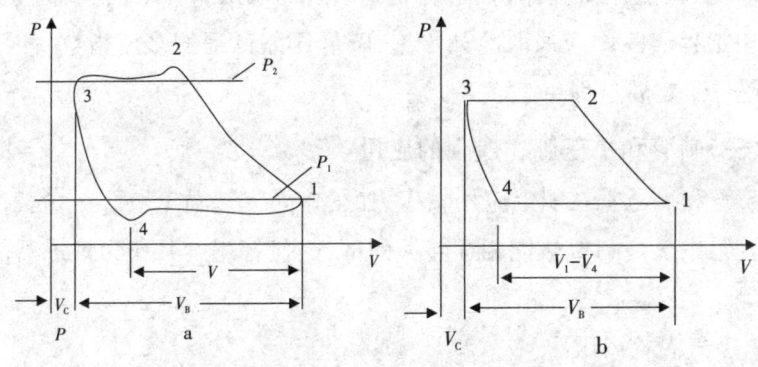

图6-2 单级活塞式压缩机主要零部件构成2

1~2为压缩过程。此时吸气阀、排气阀均关闭,活塞自下止点1往上止点方向移动,气体在气缸内被压缩升压。

2~3为排气过程。当压缩到2点,缸内气体达到排气压力,排气阀被顶开,活塞继续往上止点方向移动,同时将压缩气体排入储气罐或输气管道,由于存在摩擦和节流等损失,因此排气压力必须略高于排气阀上的背压。

3~4为残余气体膨胀过程。当活塞到达上止点3时,为避免与缸盖、阀门等发生碰撞,活塞与缸盖之间留有一定的余隙容积V_c,其中残余一定数量的高压气体,故活塞自上止点往下止点回行的初期,吸气阀关闭,残余气体先要膨胀降压。

4~1为吸气过程。当缸内残余气体膨胀到4点,达到吸气压力,吸气阀开启,活塞继续回行直至下止点1,同时将外界气体吸入气缸。由于存在摩擦和节流等损失,因此,吸气压力始终略低于大气压力。

如果忽略进排气系统的流动阻力和摩擦损失,活塞式压缩机的实际示功图可以理想化为如图6-2b所示的理想示功图。

3.单级活塞式压缩机的耗功量

按照热力学能量转换的观点,各种压缩机的压缩过程基本上是相同的。通过计算总结,可以得出这样的结论:绝热压缩终温最高,多变压缩终温其次,而定温压缩终温最低,仍为压缩开始的初温。

由此可见,压缩机最理想的工作条件应是定温压缩,它不仅需要最小的压缩功,又能保持气体初温,有利于气缸的润滑,使压缩机安全运行。因此在工程实践中应采取冷却措施,降低压缩过程的多变指数,使压缩过程趋近于定温过程。

(三)喷管和扩压管在船上的应用

喷管和扩压管在船上应用较多,如可作为废气涡轮增压器、喷射泵、叶轮式泵中热能与机械能相互转换的部件、代替螺旋桨作为推进器的尾喷管等。

1.废气涡轮增压器

将空气压缩后,密度增加,进入气缸,使柴油机可以更多地喷入燃油进行燃烧,采用废气涡轮增压及增压中冷方式,柴油机功率能够提高50%~100%,那么是怎么利用废气来进行增压的呢?柴油机排出的废气冲动涡轮叶轮,使之转动,从而带动与涡轮机叶轮同轴的压缩机叶轮旋转,但在废气进入涡轮叶轮前,废气先进入到喷管中,这样从喷管流出的气流速度将更高,使涡轮叶轮转动更快,同样压缩机叶轮也将高速旋转,具有很大动能的空气流出压缩机叶轮后进入扩压管,将动能转变为压力能。

2.喷射泵

在我国建造的远洋货船中,很多船舶都装设一台喷射泵,作为抽吸货舱污水之用。喷射泵由喷嘴、混合室和扩压管组成,如图6-3所示,其工作原理为:利用从消防系统来的高压水作为工作流体,它们流经喷嘴后,以高速喷入混合室,从而使混合室中造成一定的真空,进行污水抽吸,污水被抽上来与从喷管流出的高速水流混合后,进入扩压管,从而把部分动能转换为压力能,流出扩压管的水流具有相当的压头,污水因此从排水管排出。

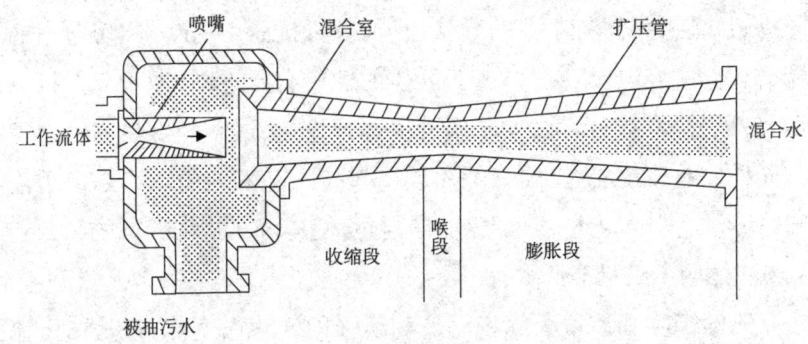

图6-3 喷射泵

3.叶轮式压缩机

叶轮式压缩机的排出泵壳呈螺旋形,其截面从叶轮边缘向排出口逐渐扩大,形成扩压截面,从叶轮流出的高流速流体在逐渐扩大的截面中排出,速度继续下降,压力进一步增加,从而满足了工作所需。叶轮式压缩机使气流在流过叶片间的同时获得高速和升压,然后在具有扩压作用的流道中将动能转变为压力能,使压力进一步提高。按气流在叶轮中的流向,叶轮式压缩机分为离心式和轴流式两大类。它们的结构形式不同,但工作原理相同。船上采用的废气涡轮增压器就是以废气涡轮来带动的离心式压缩机。压缩机转子被带动旋转后,空气从叶轮中心部位沿轴向进入叶轮叶片之间,在离心力的作用下,被高速从叶轮边缘甩出,经过叶轮外围有扩压作用的流道,压力升高,速度降低;然后再经过断面渐大的涡壳,速度进一步降低,压力进一步升高,最后从排气口排出。轴流式压缩机则是气流从一侧径向吸入口进入叶轮,沿轴向经多个叶片及扩压流道,最后从另一侧径向排出口排出。

二、流体力学基础

流体力学中流体的流动由流体本身的物理性质和流体所在的外界条件所决定。流体的基本特征就是它的流动性,流体的物理性质,主要是指重度、密度、流动性、压缩性、膨胀性、粘滞性、表面张力、含气量及空气分离压等。

(一)流体的物理性质

1.流动性

我们知道,固体有一定的形状,且具有抵抗压力、拉力和切向力的三种能力,与固体相比较,液体或者气体的性质有所不同,即不能保持一定的形状,而且具有流动性,便于用管道进行输送,适宜作供热和供冷等的工作介质。它仅能抵抗压力,而不能抵抗拉力和切向力。这是由于液体和气体分子间引力较小,分子运动较剧烈,使得分子排列松散的缘故。

2.流体的压缩性和膨胀性

流体的密度和重度会随着温度和压强的变化而变化,这是由于流体内部分子间距离变化引起的。流体受压,体积减小,密度增大的性质称为流体的压缩性。流体受热,体积膨胀,密度减小的性质,称为流休的膨胀性。

3.粘滞性

流体流动时,由于流体与固体壁面的附着力及流体本身的分子运动和内聚力,使各流层的速度不相等。在两个相邻流层之间的接触面上,将形成一对阻碍两流层相对运动的等值反向的摩擦力,叫作内摩擦力。运动较快的流层带动较慢的流层,因而施加在较慢流层上的摩擦力与流速方向一致,运动较慢的流层阻滞较快的流层,所以施加在较快流层上的力与流速方向相反。流体流动时产生内摩擦力的这种性质,叫作流体的粘滞性,简称粘性。粘性是流体在运动过程中使其出现阻力,产生机械损失的根源。

(二)流动阻力和水头损失

由于实际流体具有粘性,在流动时会产生阻力,这个阻力称为流动阻力。而流体流动必须克服流动阻力而损失能量,该能量损失称为水头损失。按照造成水头损失的外在原因,可分为沿程水头损失和局部水头损失两种。

1.沿程阻力与沿程损失

当实际流体沿着管道流动时,在管断面变化不大的一般管路上,由于流体具有粘性而引起的摩擦阻力,称为沿程阻力。流体克服沿程阻力而损失的机械能,称为沿程损失。也就是说,沿程损失发生在流体运动的一段路程上,其数值大小与流动路程成正比。

单位重量流体的沿程损失,称为沿程阻力水头损失,用符号h表示,如在等径、直管时的沿程阻力水头损失可写成下式:

$$h_f = \lambda \frac{l}{d} \frac{v^2}{2g}$$

式中各符号所表示的含义如下:

λ——沿程阻力系数(与雷诺数、粗糙度等有关),估算时可取$\lambda = 0.03 \sim 0.04$;

l——圆管管长;

d——圆管直径;

v——圆管内流体的平均流速。

2.局部阻力与局部损失

在管路系统中,除管断面变化不大的一些管段外,还有许多管道附件及特殊装置,例如管道入口、阀门、三通、弯头或管子的大小接头等,所有这些装置称为局部装置。流体流经这些局部装置时,均产生能量损失,这些损失称为局部损失。尽管局部装置的类型千差万别,但是产生局部损失的原因归纳起来有下面两点:①流体流过局部装置时形成死水区或旋涡区,流体在此区域内并不参与主流流动,只是不断地打转,形成流体摩擦或碰撞现象,因而消耗流体的能量。②流体流过局部装置时,流速的大小及方向发生急剧的变化,各个过流断面上的速度分布规律也各不相同,因而引起流体的附加摩擦而消耗了部分能量。

下面按局部装置的不同对局部损失分别进行分析。

(1)管道断面变化引起的局部损失。流体流经断面急剧变化的局部地区,例如管子的大小头断面突然扩大或突然缩小,如图6-4所示,使流体产生旋涡区,它会不断地消耗能量而产生能量损失。

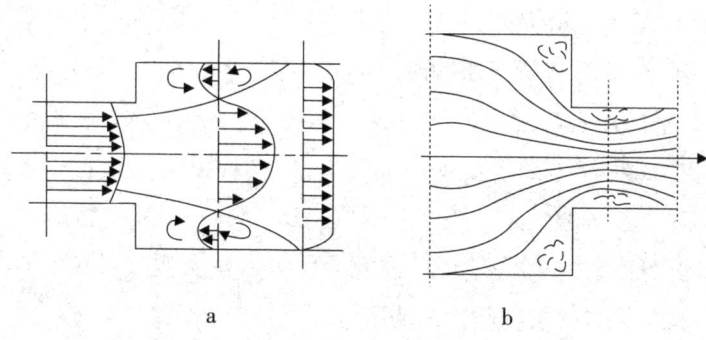

a 突然扩大；b 突然缩小

图 6-4 断面变化引起的损失

（2）管道流向改变引起的局部损失。如图 6-5a 所示的直角形弯头，当流体流经拐弯处时，流线外侧受挤压而密集，靠内侧因压力减小而产生回流，从图上可看出产生旋涡。另外，由于管内过流断面上流速分布不均匀，使流体发生两次流动而产生摩擦，这些都将产生局部损失。

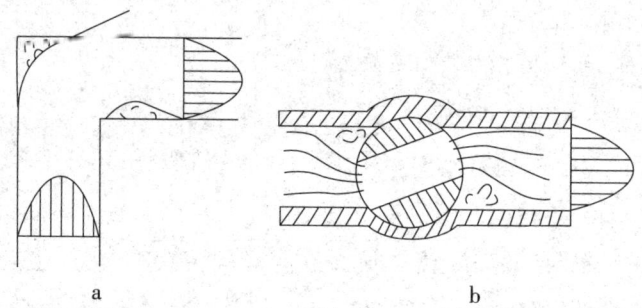

图 6-5 弯头和阀头

（3）管道中有阀门等局部装置而产生的局部损失。管道中安装阀门，如图 6-5b 所示，因为流速要重新分布，并且伴随着旋涡的产生，因而将损耗一部分机械能。

单位重量流体的局部损失，称为局部阻力水头损失，用符号 h_j 表示。局部阻力水头损失可由下式表示：

$$h_j = \xi \frac{v^2}{2g}$$

式中各符号所表示的含义如下：

v——流体的平均流速；

ξ——局部阻力系数，其值仅取决于流道截面形状。

在管路中总的水头损失应等于所有沿程水头损失和局部水头损失的总和，即：

$$h = h_f + h_j$$

三、理论力学基础

（一）静力学

1. 力

力（force）在我们日常生活和工程实践中随处可见，比如用力踢足球，起重机提起重物等。力是物体之间的相互机械作用，孤立的一个物体不存在力，即力不是物体的基本属性。

力对物体产生的效应表现在两个方面：力可引起物体的运动状态发生改变，称为力对物本的外效应（简称外效应），比如重物被起重机提起；也可引起物体的形状发生改变，称为力对物体的内效应（简称内效应），比如跳水运动员用的跳板，当运动员跳水时候，跳板发生变形。

在工程力学中，静力学主要研究力的外效应，材料力学主要研究力的内效应。

2. 平衡

平衡（equilibrium）是指物体相对于地面（地球）静止或做匀速直线运动的状态。例如，静止在地面上的建筑物、马路上沿直线匀速行驶的汽车等，都处于平衡状态。运动是绝对的，而平衡、静止是相对的。物体平衡时，作用在物体上的力所满足的条件称为平衡条件（equilibrium condition）。

3. 刚体

所谓刚体（rigid body），是指在力的作用下不变形的物体，即在任何情况下其内部任意两点的距离都保持不变的物体。这是一种理想化的力学模型，事实上，刚体是不存在的，因为任何物体在力的作用下都将发生不同程度的变形。但是，如果在所研究的问题中物体的变形很小，可以忽略不计,并不会对问题的性质带来本质的影响时,该物体就可近似看作刚体。静力学又称为刚体静力学。

当研究力对物体的内效应(变形效应)时,就不能再把物体看成是刚体,而要看成是变形体。

4.力系

力系(force system)是指作用在物体上的一群力。若某一力系作用在物体上,使物体处于平衡状态,则该力系称为平衡力系(equilibrium force system)。若两个力系对同一物体的作用效果完全相同,则这两力系称为等效力系(equivalent force system)。用一个最简单的力系等效替换一个复杂力系,称为力系的简化。若某力系与一个力等效,则此力称为该力系的合力(resultant force),而该力系的各力称为此力的分力。

(二)受力分析与受力图

1.受力分析过程

解决力学问题时,首先要选定需要进行研究的物体,将所研究的物体或物体系统从与其联系的周围物体或约束中分离出来,并分析它受几个力作用,确定每个力的作用位置和力的作用方向,这一过程称为物体受力分析。物体受力分析过程包括如下三个主要步骤:

(1)确定研究对象,取分离体。待分析的某物体或物体系统称为研究对象。明确研究对象后,将研究对象从周围的物体或约束中分离出来,单独画出相应简图,这个步骤称为取分离体。

(2)画出主动力。在分离体图上,画出研究对象所受的全部主动力,如重力、水压、油压、电磁力,并标明各力的符号。

(3)画约束反力。在分离体图上,在解除约束的位置,根据约束的类型,画出相应的约束反力,并标明各力的符号。

2.受力图

通过以上受力分析过程得到的表明分离体受力状态的简图,称为受力图。画受力图时应注意:①不能多画力,不能少画力。对于每一个力,都应明确是哪个物体施加的。②注意应用二力平衡公理和三力平衡汇交定理来确定约束反力的方位。尤其是首先找出二力杆,有助于判断一些未知力方位。③要利用作用力与反作用力的关系。④凡题目中未说明或图中未画出重力的就不计重力,凡没有提及摩擦时接触面视为光滑。

(三)摩擦

1. 摩擦概述

忽略摩擦的影响,把物体之间的接触表面都看作是光滑的,这样有助于分析物体的受力情况,但在实际生活和生产中,绝对光滑的接触面是不存在的,只是在某些情况下,接触面比较光滑或润滑条件较好时,可以忽略摩擦的作用。但在很多实际问题中,摩擦起着主要作用,因此必须考虑。例如,人靠摩擦行走,带传动靠带和轮之间的摩擦传递动力,工程中使用的夹具利用摩擦夹紧工件,机器靠摩擦制动等,这些都是摩擦有利的一面。可是,摩擦又会引起机械发热、零件磨损、机械效率降低等,是摩擦有害的一面。因此,要掌握学习摩擦的一些性质,掌握摩擦规律,以便充分利用其有利的一面,减少或消除有害的一面。

2. 摩擦现象

两个相互接触的物体产生相对运动或具有相对运动趋势时,彼此在接触部位会产生一种阻碍对方运动的作用,这种现象称为摩擦。这种阻碍作用称为摩擦阻力。

根据物体间相对运动形式的不同,把物体间有相对滑动或滑动趋势存在的摩擦现象称为滑动摩擦。其间的力称为滑动摩擦力。而把物体间有相对滚动或滚动趋势存在的摩擦现象称为滚动摩擦,其间的力称为滚动摩擦力。

第二节 轮机工程材料基础

轮机工程材料基础是轮机工程学的重要组成部分,船舶机械设备、零部件的安全与可靠都与材料息息相关,本节重点介绍轮机工程材料的基础知识。

一、轮机主要零件材料及热处理

(一)曲轴

1. 曲轴概述

曲轴是柴油机中最重要的部件之一。它的作用是将各缸的功率汇集起来以回转运动形式输送出去。

曲轴由主轴颈、曲柄臂、曲柄销和输出法兰等部分所组成,小型曲轴常做成整体式。过去,由于锻造能力的限制,大中型曲轴多制成半组合式和全组合式。半组合式曲轴的曲柄臂和主轴颈之间是以红套或者液压套的方式配合的。全组合式曲轴的曲柄臂和主轴颈以及曲柄销之间都是红套或液压套配合的。目前,随着压力加工技术的发展以及大型锻压设备的出现,大中型曲轴也趋向于整体式。因而具有更好的强度和刚度,工作更加安全可靠。

2. 曲轴的工作条件

(1)承受气体爆发压力和活塞连杆机构的惯性力所产生的冲击性的弯矩和扭矩。

(2)带有推力肩的曲轴则要承受中间轴传来的推力,并将推力传给机座。

(3)由于扭转振动而承受附加的扭矩。

(4)由于安装不正而产生附加的弯矩。

(5)由于柴油机咬缸、飞车,螺旋桨触礁、被渔网或缆绳绞绊等事故而承受意外的弯矩和扭矩。

(6)轴颈受到摩擦和变质滑油的腐蚀。[1]

3. 曲轴常见的损伤

(1)轴颈磨损,轴径变小,并产生圆度和圆柱度误差。轴颈上出现划痕、擦伤和腐蚀斑点。

(2)应力集中部位出现疲劳裂纹,甚至断裂。

(3)组合式曲轴在红套或液压套合处产生滑移。

---

[1] 王中开,沈永年. 发动机曲轴损伤的检查与修复[J]. 农机使用与维修, 2012, (3):81.

4.曲轴的常用材料

由于曲轴不断地承受着冲击性的变化的负荷,又经常产生疲劳裂纹,所以要求曲轴具有良好的综合力学性能,尤其是足够的疲劳强度。轴颈经常受到磨损,所以要有较高的硬度和耐磨度。

小型整体式曲轴的材料常用40、45、40Cr、45Cr等中碳钢和低合金钢。也可以用QT600-3和Q1700-2等球墨铸铁。大中型组合式曲轴的轴颈常用35和40等中碳钢,曲柄常用ZG270-500、ZG25MnV、ZG25MnV等铸钢。

舰用主机的曲轴则多采用40CrV、35CrMo、35CrMoA、40CrNi、18CrNi-MoA、18CrNiWA、40CrNiMoA等低合金调质钢。

5.曲轴的强化手段

为了提高曲轴的耐磨性和疲劳强度,不论是碳钢、合金钢还是球墨铸铁的曲轴都应该采取强化措施。对于轴颈表面可以用渗氮处理的办法使其硬化,硬度达50HRC以上,但是圆角处切不可硬化,以免因应力集中而产生裂纹。常用的有气体渗氮、气体软氮化、离子渗氮、离子碳氮和离子碳氮钛共渗等。其中气体软氮化可以提高合金钢曲轴的弯曲疲劳强度20%～30%,而球墨铸铁和碳钢曲轴则可提高50%～70%和60%～80%,效果非常显著。

(二)活塞销

1.活塞销的工作条件和常见的损伤形式

活塞销的作用是使筒形活塞和连杆小端相连接。由活塞传来的气体压力和活塞组件的惯性力对活塞销产生冲击性变化的弯矩。在活塞销座和连杆小端的端面上,活塞销受到剪切作用。活塞销与连杆小端轴承以及活塞销座之间有严重的摩擦,由于相互摆动,不容易形成连续的润滑油膜,所以润滑条件比较差。

活塞销常见的损伤有:①过度磨损,使配合间隙过大,并产生圆度和圆柱度误差。②活塞销表面的渗碳层、渗氮层或电镀层往往由于结合强度不够而发生脱落。

2.活塞销的常用材料和强化手段

根据活塞销承受冲击、交变负荷的工作条件以及过度磨损和脱皮的损伤形式,我们要求它从整体上应具有很高的疲劳强度,心部具有足够的强度和冲击韧性,而表面则要求很硬很耐磨,并且表面层与基体有很高的结合强度。

对于平均有效压力不太高的柴油机,活塞销常用15、20、15Cr、15CrA、20Mn、20Cr等低碳优质钢和低碳合金钢,在高速强载的柴油机上则采用12CrNi3A、18CrMnTi、18CrNiWA、20CrMnTi、20SiMnVB等合金成分较高的合金钢。

常用的强化手段有渗碳、渗氮和镀铬等。渗碳后进行淬火和低温回火,表层为回火马氏体组织,并均匀分布着硬的碳化物微粒,可以显著提高其耐磨件。

(三)轮机的其他主要零部件

轮机的其他主要零部件还包括连杆、凸轮及凸轮轴、重要螺栓、活塞、活塞环、气缸套、气阀、精密偶件和螺旋桨等。

二、船用工业用钢

(一)船用碳素钢

1.碳素钢简介

碳素钢简称碳钢,是指含碳量小于2.11%,并含有少量的硅、锰、硫、磷的铁碳合金。生产中用钢的含碳量不超过1.35%。由于碳钢容易冶炼,价格低廉,性能可以满足一般工程机械、普通机械零件、工具等的使用要求,因此在工业上得到了广泛的应用,在钢的总用量中约占90%以上。

2.碳素工具钢

碳素工具钢是制造刃具、量具及其他工具的钢,故应具有一定的强度、韧性、很高的硬度、热硬性,足够的淬透性和切削加工性等。

碳素工具钢的钢号是用T加数字表示。"T"为"碳"字汉语拼音的字头,数字表示钢中平均含碳量的千分数。工具钢都是优质钢,如果是高级优质钢,则在钢号后加"A",例如T8A,表示平均含碳量为0.8%的高级优质碳素工具钢。碳素工具钢含碳量较高,一般为0.65%～1.35%。严格控制钢中的S、P杂质含量,以提高钢的可锻性和防止变形开裂,严格控制Si、Mn含量,以免降低钢的淬透性。

碳素工具钢的热处理:机械加工前是球化退火,目的是降低硬度,并为淬火做准备,机械加工后是淬火+低温回火,可获得回火马氏体+粒状渗碳体+少量的残余奥氏体。

碳素工具钢硬度高,耐磨性好,价格低廉,但其热硬性差,尤其当刀具刃部温度达200℃以上时,硬度和耐磨性迅速降低,且淬透性低。所以碳素工具钢只适于制造小尺寸、手用和低速、小切削量的工具,如图6-6所示。

图6-6　磨具

(二)船用合金钢

在机器制造业中,由于碳素钢价格便宜,便于加工,并且可以通过含碳量的增减和不同的热处理改善其性能,基本上能满足工程上很多场合的要求,因此得到了广泛的应用。但随着现代工业和科学技术的不断发展,产品对材料的机构性能、理化性能有了更高的要求。碳钢强度低、淬透性低、回火抗力差、高温性能差,因此不能满足现代工业的要求。在这种背景下,合金钢应运而生。

合金钢是在碳素钢的基础上加入某种元素或多种元素以获得某些组织和性能的钢。在冶炼过程中,合金钢中常加入的合金元素有锰(Mn)、硅(Si)、铬(Cr)、镍(Ni)、钼(Mo)、钨(W)、钒(V)、钛(T)、硼(B)、铝(Al)及稀土元素等。

(三)船体结构用钢

1.船体结构用钢概述

用于制造海船和大型内河船舶的钢称为船体结构钢。用于造船的钢应符合我国《钢质海船入级与建造规范》中对船体结构钢机械性能的要求。由于船体结构一般采用焊接工艺进行建造,所以要求船体结构钢应当具有很好的冷变形性能和焊接性能以及一定的强度、韧性和耐腐蚀性。所以船体结构钢都属于低碳优质钢,并且一般都是脱氧完全的镇静钢。由于船舶航区环境温度不同,因此对船体结构钢的冲击试验温度提出不同的要求,特别应提出低温韧性的要求。

2.高强度船体结构用钢

高强度船体结构钢均为经过细化晶粒处理过的镇静钢。按其最小屈服极限的1/10划分为32、36、40共3个强度等级,每一强度等级又按其冲击韧性的不同分为A、D、E、F共4级。

高强度船体结构用钢的牌号为:冲击韧性等级字母+屈服强度等级数字(两位数)。

冲击韧性等级字母及含义:A——0℃条件下的冲击韧性等级;D——-20℃条件下的冲击韧性等级;E——-40℃条件下的冲击韧性等级;F——-60℃条件下的冲击韧性等级。

屈服强度等级数字(两位数)表示最小屈服极限值的1/10,如E32表示-40℃条件下的冲击韧性等级,最小屈服极限值为320MPa的高强度船体结构用钢。

三、船用非金属材料

(一)橡胶

橡胶是以生胶为基础加入适量的配合剂而组成的高分子材料。

1.橡胶的组成

(1)生胶。生胶是指未加配合剂的天然橡胶或人工合成橡胶。生胶是橡胶制品的主要原料,它也是把各种配合剂和骨架材料粘成一体的粘结剂。橡胶制品的性能主要决定于生胶的性能。

(2)配合剂。生胶的性能不够好,为改善和提高橡胶制品的各种性能而加入的物质称为配合剂。配合剂的种类很多,主要有以下几种:

硫化剂:硫化剂的作用类似于热固性树脂中的固化剂,它可使橡胶分子间形成交联而成为网状结构。橡胶品种不同,所选用的硫化剂也不同。常用的硫化剂是硫黄和硫化物。未经硫化处理的橡胶,其力学性能和物理性能都很差,实用性不大。经硫化处理后,提高了橡胶制品的弹性、强度、耐磨性、耐蚀性和抗老化能力。

硫化促进剂:入硫化促进剂可加速硫化过程,缩短硫化时间,降低硫化温度,减少硫化剂用量,并改善橡胶制品的性能。常用的硫化促进剂是镁、钙、锌的氧化物和有机硫化物。

活性剂:活性剂能加速发挥硫化促进剂的作用。常用的活性剂为氧化锌。

软化剂:软化剂可增加橡胶的塑性,改善粘附力,并能降低橡胶的硬度和提高耐寒性。常用的软化剂有硬脂酸、精制蜡、凡士林以及一些油类和酯类。

填充剂:填充剂的作用是提高橡胶制品的强度、减少生胶用量、降低成本和改善工艺性能。常用的填充剂有炭黑、氧化硅、白陶土、氧化锌、氧化镁、滑石粉、硫酸钡等。

防老剂:橡胶制品在储存和使用过程中,因环境因素的影响,其性能变坏、发粘、变脆的现象称为老化。防老剂的作用是在橡胶表面形成稳定的氧化膜,以抵抗氧化作用,可防止和延缓橡胶制品老化。常用的防老剂有石蜡、蜂蜡或其他比橡胶更易氧化物质。

着色剂:着色剂可使橡胶制品着色。常用的着色剂有钛白、铁丹、锑红、铬黄、群青等颜料。

2.橡胶的性能

高弹性:橡胶在较小的外力作用下,能产生很大的弹性变形,其最高伸长率可达800%~1000%,比其他高聚物大得多。去掉外力后能在非常短的时间内恢复到近似原来的状态。

吸振能力强：橡胶可吸收一部分机械能，并将其转变为热能。

有一定的耐蚀性：例如有耐油、耐酸、耐碱橡胶。此外，橡胶还具有良好的耐磨性、隔声性、绝缘性、积储能量的能力以及足够的强度。

3. 常用橡胶材料

根据原料来源不同，可分为天然橡胶和合成橡胶；根据应用范围的宽窄程度，可分为通用橡胶和特种橡胶。

（1）天然橡胶。天然橡胶是橡胶树上流出的胶乳，经过凝固、干燥、加压等工序制成片状生胶，橡胶含量在90%以上，是以异戊二烯为主要成分的不饱和状态的天然高分子化合物。天然橡胶属于通用橡胶。

天然橡胶的综合性能很好，有较好的弹性，弹性模量为3~6MPa，约为钢铁的1/30000，而伸长率则为钢铁的300倍。在0~100℃范围内弹回率可达70%~80%以上，在130℃时仍然能够保证其正常使用性能，当低于-70℃时才失去弹性。天然橡胶具有较好的力学性能，经硫化处理后的抗拉强度为17~29MPa，用炭黑配合补强的硫化胶可达25~35MPa。此外天然橡胶有较好的耐碱性能，但不耐浓强酸，在非极性溶剂中膨胀，故不耐油。耐臭氧老化性较差，不耐高温，使用温度在-70~110℃范围内。

天然橡胶广泛应用于制造轮胎、胶带、胶管等。

（2）合成橡胶。用石油、天然气、煤和农副产品为原料，通过有机合成方法制成单体，聚合（加聚或缩聚）制得类似天然橡胶的高分子材料称为合成橡胶，合成橡胶的种类很多。

（二）工程塑料

工程塑料由于加工简便、造价低廉、比重小、强度高等一系列优点，在船舶上获得了越来越多的应用，其应用技术已成为船舶与海洋工程中不可缺少的组成部分。

1. 推广工程塑料材料在船舶与海洋工程上应用的重要意义

（1）减轻船体重量，从而提高船舶的装载量，并改进了船舶的技术性能。

（2）降低建造成本，主要表现在工程塑料加工简便，可大大提高生产率;原材料成本低,可代替很多贵重材料。

(3)延长使用寿命,工程塑料具有很好的耐腐蚀性能,对延长使用年限和减少维修次数均有好处。

(4)提高安全性和舒适性,经过特殊处理的高分子材料能够防止火灾的发生和蔓延。

此外,它还具有消声和吸震作用,为乘员的生活和工作提供舒适的环境。

2.高分子材料在船舶与海洋工程中的应用

(1)制作船舶构件。玻璃钢可用来制造快艇、工作艇、救生艇的艇体,上层建筑、驾驶室、棚顶、门壁、风斗、导流罩、导流帽、螺旋桨等。

尼龙可制作导流帽、舷窗;泡沫塑料可作舱室隔热材料、救生浮具等;用自干性浇铸型聚氨酯弹性塑料和以聚氯乙烯为主要成分的油地毡可作舱室地板,以聚氨酯弹性塑料与核桃壳、沥青、废橡胶等配合使用可代替木制甲板;用聚氯乙烯塑料制作扶手等。

用于船舶与海洋工程的舾装,以降低成本,缩短建造周期。例如用作绝缘、浮力材料的泡沫塑料,用于甲板覆盖的塑料地板及各种敷层,用于装饰舱室的塑料贴面板以及尼龙方窗、舷窗、导流罩、系缆索、扶手等塑料舾装件。

(2)制作船机零件。尼龙可以制造尾轴承、舵轴承、阀盘、齿轮、滑块、滑轮、手柄等;ABS塑料管、硬质聚氯乙烯塑料管作为船舶常温低压管路。此外,常温工作条件下的活塞环,主、辅机中的离合器片和刹车片,主、辅机中的密封垫片等均可用塑料或以塑料为基础制成。用塑料制作船机零件节约铜、铝、铅等贵重材料。

用于制造管系、海水泵、淡水泵以及其他部件,发挥其重量轻、耐腐蚀、成本低的优点。此外,由于塑料的焊接或粘接工艺简单,易于安装,可大大减少工作量。

(3)塑料用于防腐。螺旋桨上涂塑料防止桨叶的穴蚀和电化学腐蚀,目前已取得一定的成果,但还存在一定不足,如耐穴蚀差、附着力不强等。

尾轴包覆玻璃钢：对尾轴非摩擦表面采用包覆环氧玻璃钢防腐，既有良好的防腐性能，又适用于各种介质，且工艺简单，局部损坏易于修补。

柴油机缸套冷却水侧涂塑料涂层防腐，对防止穴蚀和电化学腐蚀有一定的作用。

舵叶防腐：舵叶上涂塑料涂层可提高舵叶抗蚀能力。

水舱防腐：船舶水舱壁面采用塑料涂层防腐较原来涂薄层水泥效果好，不影响水质和可局部修理。

与海水接触的机件内壁，如管子内壁、主机循环泵内壁、冷凝器及海水制淡水器内壁等极易腐蚀，采用内壁面涂塑料层可以防腐，延长机件使用寿命。

（三）其他船用非金属材料

除了金属材料及所介绍的部分非金属材料外，其他船用非金属材料包括胶粘剂、复合材料和硅酸盐材料等。

第三节 轮机材料的加工工艺

轮机材料的加工工艺多种多样，本节主要介绍金属材料冷加工工艺，包括车削、钻削、铣削、磨削、冷成型加工工艺等。

一、常用的冷加工工艺概述

利用刀具和工件做相对运动，从毛坯上切去多余的金属，以获得所需几何形状、尺寸精度和表面粗糙度的零件，这种加工方法称为金属切削加工。其主要方法有车、钻、刨、铣、磨及螺纹、齿轮加工等。所用的机床为车床、钻床、刨床、铣床、磨床及螺纹、齿轮加工机床等。而所用的刀具为车刀、钻头、刨刀、铣刀、砂轮及螺纹、齿轮加工工具等。

在金属切削加工中，刀具、被加工件及切削运动是其必备的三个基本条件。刀具材料必须具有高硬度、足够的强度和韧性、高耐磨性、高热硬性以及良好的工艺性和经济性等性能，常用材料有优质碳素工具钢、合金工具钢、高速钢及硬质合金等。

切削运动分为两类：主运动和进给运动。主运动是切下切屑最基本的运动，而进给运动是使金属层不断投入切削，从而加工出完整表面所需的运动。各种切削加工各有其特定的切削运动。切削运动有旋转的，也有直行的；有连续的，也有间歇的。金属切削加工后的质量包括精度和表面质量。精度是指零件在加工之后，其尺寸、形状等参数的实际数值同它们绝对准确的各个理论参数相符合的程度，它包括尺寸精度、形状精度和位置精度等。而表面质量即为已加工表面质量，它包括表面粗糙度、表层加工硬化的程度和深度、表层残余应力的性质和大小等。

二、车削

车削是指在车床上用车刀进行切削加工。车削的主运动是工件的旋转运动，进给运动是刀具的移动。因此车床可加工各种零件上的回转表面。车削加工的范围有内外圆柱面、内外圆锥面、内外螺纹、端面、沟槽、回转型成形面以及滚花、盘绕弹簧等。

（一）车削加工

1. 车外圆

车外圆是车削加工中最基本的一种加工，它是由工件的旋转和车刀作横向移动完成的。为了保证工件的加工质量和提高生产率，根据切削量大小和工艺要求的不同，零件加工应分为若干步骤，一般精度较高零件按粗车—半精车—精车的方案进行。粗车时主要考虑尽快地从毛坯上切去大部分的多余材料，留合适的精加工余量。精车时主要考虑保证加工精度和表面粗糙度要求，由于受技术条件的制约，切削深度和进给量一般较小。车外圆主要用于加工轴类、套类及圆盘类零件的表面。

2. 车端面或内圆加工

车端面或内圆加工是由工件的旋转和车刀作横向移动完成的。车削内、外圆之前一般需先车削端面，作为工件长度方向尺寸的测量基准，或为工件端面上钻孔（含中心孔）做准备，这样易保证内、外圆轴线对端面的垂直度。

3.切断及车沟槽

在车床上切断工件时,是用切断车刀作横向进给来完成的。切断车刀除了切断工件外,还可以车沟槽。操作时,工件切断处应尽可能靠近卡盘,车刀伸出刀架长度应尽可能短些。

4.车锥面

锥面分外锥面与内锥面。锥面的车削方法有宽刀法(又称样板刀法)、小刀架转位法和偏移尾座法。

(二)车削加工工艺特点

1.易于保证轴、盘、套等类零件各表面的位置精度

(1)在一次装夹中车出短轴或套类零件的各加工面,然后切断。

(2)利用中心孔将轴类工件装夹在车床前后顶尖间。可以调头,多次装夹保证工件旋转轴线不变。

(3)将盘套类零件的孔精加工后,安装在心轴上,车削各外圆和端面,可保证达到与孔的位置精度要求。

2.适用于有色金属零件的精加工

当有色金属的零件要求较高的加工质量时,若用磨削,则砂轮表面空隙易堵塞,加工困难,故常用车、铣、刨、镗等方法进行精加工。

3.切削过程比较平稳

车削工作一般是连续进行的,当刀具几何形状和切削深度、进给量一定时,车削切削层的截面积是不变的,因此切削过程较平稳,从而提高了加工质量和生产率。

4.刀具简单

车刀的制造、刃磨和安装均较方便,便于适应工件的不同材料与具体加工要求,选用合理的角度,有利于提高加工质量和降低生产成本。[1]

三、钻削

(一)钻削概述

用钻削刀具(如麻花钻头)在钻床上对工件进行钻孔,或将已有孔的

---

[1] 刘小燕.细长轴的车削加工工艺[J].装备制造技术,2013,(1):59-60.

直径扩大和提高其精确度的加工过程,称为钻削。钻削运动主要包括两个部分,即刀具的旋转运动及其沿轴线方向移动的垂直进给运动。

与车削相比,钻削过程比较复杂。钻削时,钻头工作部分大多处在已加工表面的包围中,因而引起一些特殊问题。例如钻头的刚度和强度、容屑和排屑、导向和冷却润滑等。

(二)钻削特点

1.容易产生"引偏",即在加工时由于钻头弯曲而引起的孔径扩大、孔不圆或孔的轴线歪斜等。

2.排屑困难。

3.切削热不易传散。钻削工作在机械加工中应用广泛,它又分为钻孔、扩孔、铰孔等。

四、铣削

(一)铣削概述

在铣床上使用旋转的多刃刀具(铣刀)加工工件的过程称为铣削,铣削时,刀具的旋转是主运动,工件的运动为进给运动。

(二)铣床操作注意事项

1.手柄摇过了头,不能直接摇回原处

铣床工作台纵向、横向和垂直方向的手动进给操作时,摇动各进给方向的刻度盘手柄,使工作台在某一方向按要求的距离移动时,若不小心把手柄刻度盘多转了一些(即摇过了头),仅仅把刻度盘倒转到原定的刻度线上是不对的。因为这样只是把丝杠在间隙内空转,而工作台仍在错误的位置上。所以应该把刻度盘手柄倒转退回一圈左右后,再重新摇动手柄转动到规定的位置上。根据实际操作经验,当刻度盘手柄摇到接近规定的位置之前,可以停止摇动手柄,改用手指轻轻地点动手柄,使刻度盘与刻度线慢慢地对齐,这样就可以控制手柄不至于摇动过量。

2.铣床进给变速时,操作程序不能颠倒

铣床进给变速操作时,不能直接转动变速盘手柄应先将变速操纵手柄向外拉,再转动手柄,带动转速盘旋转,当所需要的转速数对准指针后,再将变速手柄推回原位。按动"起动"按钮使主轴旋转、再扳动自动进给操纵手柄,工作台就按要求的进给速度自动执行进给运动。

3. 铣床主轴变速时,连续变换的次数不宜超过三次

铣床主轴变速操作时,一般不宜连续变换超过三次。如果必须要连续变换超过三次时,每次变速应间隔5min后再进行下一次变速。以免因起动电流过大,导致电动机发热过高,致使电动机线路烧坏。

4. 铣床进给操纵手柄安全装置的操作不容忽视

当铣床工作台升降机动进给、横向机动进给或纵向机动进给时,为了防止因手柄旋转而造成工伤事故,凡进给机构一般都设置有安全装置,也就是在机动进给时,手柄一定要脱开而空套在轴上不旋转,就是使机动与手动产生联锁作用。

5. 铣床工作台的零位校准不容忽视

如果铣床工作台的零位不准,又没有校准,在用组合三面刃铣刀铣削较小平行面时,就会造成平行度超差;若铣削台阶工件时,就会出现上窄下宽的现象;若铣削沟槽时,就会出现上宽下窄的现象。

(三)铣床的维护和保养

铣床的维护保养与其使用寿命、精度保持和生产效率等情况都有着十分密切的关系。铣床的维护与保养工作,不可忽视以下几个方面:

1. 新铣床操作前应仔细阅读机床说明书及其有关技术资料。

2. 每个工作班操作之前,必须先把铣床的各个部位擦拭干净。

3. 对铣床的润滑系统,应根据铣床说明书的要求按时加油或更换润滑油。对要求每个工作班前、班后需要加油的部位,如各个注油孔、手拉油泵、钮式润滑阀等都应按时注油或拉或揿。对丝杠、导轨等在每工作班前、班后均应擦净和加润滑油。各处的油标、油窗要经常观察是否正常。

4. 在正式投入生产操作之前,应对铣床进行检查各个运转部位是否完好。并检查各个手柄和旋钮是否处在合理的位置上。并进行空载运转,以观察铣床是否处在可以正常工作的状态。

5. 铣床工作台和主轴各个部件不能用硬物大力敲击。工件和夹具都要稳拿轻放。工作台台面上不准乱放工具和工件毛坯等杂物。

6.严格执行岗位责任制度。操作过程中要集中精力,绝对不能在铣床运转时分散注意力,甚至离开工作岗位。

7.铣床不能超负荷工作。加工的工件和使用的夹具的重量不能超过铣床的载重量(各类铣床的载重量在说明书中均有明确的限定)。

8.精度高的铣床,切削用量不能太大,也不宜用大直径的单齿或双齿盘铣刀作冲击性切削。

9.及时发现和排除铣床故障特别重要。切忌让铣床带故障工作。在铣削过程中,如发现铣床有异常现象和响声,应立即停机,并报请机修人员及时检修。

10.加工完毕,交班前,应将铣床擦拭干净,擦拭时应用软布和毛刷清除切屑和油污,切忌用粗硬的物体擦拭铣床,更禁忌用压缩空气吹除污物,以免有细小的切屑和灰尘等杂物嵌入运动部分。

11.铣床在运转500h后,一定要进行一级保养。保养操作以操作人员为主,维修人员配合进行。

(四)铣削的工艺特点

1.加工效率较高。

2.容易产生振动。

3.道齿散热条件较好。

五、磨削

(一)磨削概述

用砂轮或其他磨具加工工件表面的工艺过程,称为磨削。磨削加工可以获得高精度和高光洁度的表面,在大多数情况下,它是机械加工最后一道精加工或光整加工工序。磨削也用于毛坯的预加工(清理)或刀具的刃磨等。根据切削方法的不同。磨削可分为轮磨、研磨、珩磨(旋磨)、抛光等,其中轮磨最为普遍。在磨削加工时,砂轮等的高速旋转是主运动,进给运动由砂轮和工件来完成。

(二)磨削的工艺特点

轮磨时,砂轮每一个尖棱形的砂粒都相当于一个刀齿,整个砂轮可以看作是具有无数个刀齿的铣刀,所以磨削加工的实质,可看成是密齿刀具的超高速切削过程。磨削加工与车、刨、钻、铣等切削加工方法相比,有以下特点:

1. 工件磨削后的精度很高和表面粗糙度很小,精度可达IT5~IT8,表面粗糙度Ra为0.2~0.8μm,当采用小粗糙度磨削时,粗糙度Ra可达0.008~0.1μm。

2. 砂轮有自锐作用,这种作用是其他切削工具所不具备的,正是由于砂轮的这种作用,使得砂轮磨粒能够以较锋利的刃口对工件进行切削。

3. 磨削不仅能加工一般硬度的工件,也可加工其他刀具难以加工的高硬度工件,如淬火处理后的工件等。

4. 为了避免烧伤工件,磨削深度应小,因而磨削余量不宜留得太大。

5. 磨削时,由于切削速度为一般切削加工的10~20倍,因此磨料和工件间摩擦力大,切削温度有时可达1000~1500℃,所以磨削时通常都要使用大量的冷却润滑液。

(三)磨削加工

1. 磨外圆

磨削外圆通常在外圆磨床上进行,磨削外圆最常用的方法是纵磨法、横磨法、综合磨法、深磨法及无心外圆磨。

2. 磨内圆

磨内圆可在普通内圆磨床、万能外圆磨床上完成。

3. 磨平面

磨平面是在平面磨床上进行,可分为周磨和端磨两种。

六、冷成型加工工艺

(一)轧制

使金属坯料在转动轧辊之间靠摩擦力连续进入轧辊而变形的方法称为轧制。轧制生产所用的坯料是铸锭或方坯、板坯等。在轧制过程中,坯料的截面不断减小,长度不断增加,从而获得各种规格的板材、型材和无缝管材等。按轧制时加热与否分为热轧和冷轧加工工艺。为了减轻金属坯料对变形的阻力,轧制一般采用热轧,冷轧只在轧制薄板时使用。

(二)挤压

将金属坯料放在挤压筒内,用强大的外力使其从一端的模孔中挤出而变形的方法称为挤压。

在挤压过程中,金属坯料通过模孔后截面减小,长度增加。此法适用于塑性较好的低碳钢和有色金属,可以制成各种形状复杂的等截面型材。挤压的坯料还可以加热至高温后进行热挤压,也可在室温下进行冷挤压。

冷挤压时变形抗力比热挤压高得多,但产品的表面光洁,且产品内部组织为加工硬化组织,从而提高了产品的强度,冷挤压时为降低挤压力,防止模具磨损和破坏,提高零件的表面质量,必须采取润滑措施。但由于冷挤压时单位压力很高,润滑剂很容易被挤掉失去润滑作用。所以对钢质零件必须采用磷酸盐表面处理(磷化处理),使坯料表面呈多孔性结构,储存润滑剂,以保证在高压下仍能隔离坯料与模具的接触,起到润滑作用。常用的润滑剂有矿物油、豆油和皂液等。

(三)冷冲压

将金属板料置于冲模内,使其受压在室温下产生分离或塑性变形的一种加工方法称为冷冲压。冷冲压板料的厚度一般小于4mm。冷冲压的特点是:可以压制形状复杂的零件,材料利用率较高;能保证产品具有足够高的尺寸精度和表面粗糙度,可以满足一般互换性的要求,不需再作切削加工即可装配使用;能制造出强度高、刚度大、重量轻的零件;冲压操作简单,生产率高,成本较低,工艺过程便于机械化、自动化。

第七章 轮机的维护与修理

第一节 船用仪表及量具介绍

对船舶正常航行与使用的维护,离不开船用仪表及量具,本节主要对常用的船用仪表及量具进行介绍,并提出相关注事项和保养措施。

一、船用仪表

(一)温度计

计量温度的方法很多,通常可归纳为两类:直接计量和间接计量。直接计量是指计量温度的元件与被计量的对象直接接触。当敏感元件与被计量的对象处于热平衡时,由温度定义,此时敏感元件给出的就是被计量对象的温度。间接计量则指计量温度的元件与被计量的对象非直接接触,通常通过辐射原理来计量的。

温度直接计量所用的仪表有金属电阻温度计、膨胀式温度计、热电偶温度计和气体温度计等。

1.电阻温度计

电阻温度计包括金属(如铂、铜等)、合金(如铑铁、铂钴等)和半导体(如锗、硅等)温度计。纯金属和合金制成的温度计具有正的温度系数,而半导体温度计具有负的电阻温度系数。一般热电偶在500℃以下工作时,热电势小,灵敏度较低,故在测量-200℃~600℃范围的温度时,目前多采用电阻温度计,尤其是低温测量中,电阻温度计用得较为普遍。

电阻温度计具有精度高、测量范围广、输出信号大、灵敏度高及不需冷端等特点。

铂热电阻使用最广泛的一种热电阻。其特点为：物理化学性能稳定、准确度高、稳定性好、性能可靠。铂电阻使用温度范围：-200℃~850℃。

2.膨胀式温度计

常用的膨胀式温度计有水银温度计、双金属片式温度计和压力表式温度计。

(二)压力表

1.弹簧管式压力表

常用的压力表是单圈弹簧管式。选用弹簧管式压力表时应注意：所测量的工质不应对压力表的材料(铜和铜合金)起腐蚀作用。不同规格压力表都有其相适应的温度和相对湿度的许用范围，应根据需要选用。在测量稳压时，实测范围应为压力表全量程的2/3左右；测波动压力时，实测范围为全量程的1/2左右，最低压力不应低于全量程的1/3。同时应注意压力表螺纹接头的尺寸，讲表前管子应盘2圈左右，并接压力表开关。

在使用中应注意：在测波动压力时，介质的压力变化在每秒钟内不应超过全量程的10%。若压力抖动太大，应适当关小压力表开关的开度，以免在很短时间内将压力表损坏。

在使用中若发现下述情况之一，说明压力表已坏，应立即更换：一是当压力在变化，而表针停止不动，此时压力表的开关又未关死时；二是当没有压力时，表针不回零；三是当压力变化不大，而表针却如自由来回摆动时。

2.U形液柱式压力表

通常，这类压力表用来测量压力较小的工质压力，例如柴油机的扫气压力、锅炉鼓风机的风压等。

(三)转速表

在动力机械中，转速是指要求测量的，具有旋转运动的对象在单位时间内旋转的圈数，也就是指单位时间内转轴的平均旋转速度，而不是瞬时旋转速度，单位：r/min。转速的大小及其变化意味着机器设备运转的正常与否，因此，转速测量一直是工业领域的一个重要问题。转速有许多测量方法，不同测量方法有不同的方法原理及应用场合。

根据工作原理,转速测量可分为模拟式(如离心式转速表等)、频闪式、数字式及激光式等方法。根据工作方式转速测量还可分为接触式转速测量及非接触式转速测量。

(四)盐度计

盐度计通常用于造水机冷凝水含盐量的监测。当含盐量高到设定的报警值时,盐度计将发出报警信号,同时使回流电磁阀通电动作,不让凝水去淡水舱。含盐量以1L水中含盐的毫克数表示,即用ppm数值表示。

盐度计是根据水的导电性能与含盐量成正比的原理工作的。

盐度的检测方式主要有三种:测定通过电极的电流;测定电极两端的电位差;以电极作为测量电桥的一臂,根据两电极间水的电阻值的变化来测定电桥平衡的偏离程度。

盐度计检测系统中的盐度传感器实际上是一对测量用的电极,电极表面镀有铂或铑,它装在淡化装置的凝水管路中。当凝水不断流过时,在两根电极间即会有电流通过。为防止盐度传感器的电极因粘附异物而短路,传感器每使用一个月左右即应进行一次清洁。清洁时应以软布擦拭,切勿用硬物刮刷,以免电极表面的铂铑层受到破坏。[1]

二、检修专用工具与物料

(一)检修专用工具

在柴油机的大型部件或关键部件的拆装中,一般均使用力矩扳手、液压拉伸工具或风动扳手,以保证机件的预紧力达到说明书的要求,防止预紧力过大、过小造成损坏。

1.力矩扳手

力矩扳手是一种特殊的扳手,它可以指示上紧螺母时所施加的扭矩的大小,用于上紧小型重要螺栓。使用中要均匀用力,不宜用冲击力,否则读数不准。

各种螺栓预紧力的数值与螺栓的金属材料、螺杆直径等有关。一般

---

[1]戴武.轮机维护与修理[M].北京:北京理工大学出版社,2014.

在柴油机说明书中都有具体规定,例如135型柴油机规定缸盖螺栓预紧力矩为220~250N·m。

2.液压拉伸工具

液压拉伸工具是大型柴油机中常用的装置。它的主要工作原理是利用螺栓材料本身的弹性变形,借助液压的力量把螺栓拉伸至一定的长度,使螺母与其压紧的平面能处于松弛的状态,以便用扳梗旋紧或旋松螺母,达到上紧或松开螺栓的目的。

3.活塞环拆装专用工具

由于活塞环有一定的弹力,需要用力将开口撑大才能装于环槽中或者从环槽中卸下,拆卸力度要适度,用力小难于安装,用力大会损坏环体,一般要用专用工具拆装。小型柴油机活塞环可以采用绳、带或者其他专用工具;大型柴油机活塞环可以采用交叉型专用工具。

(二)检修物料

为了保持主、副机等设备在长期运转中的良好技术状态,必须按预防维修保养计划定期对主、副机等设备进行维护保养,以避免主、副机等在运转中发生故障,延长机器设备使用寿命,提高设备的工作可靠性。为此,船舶就应按设备的维护保养计划准备必要的检修物料;同时还应考虑因意外事故等原因而引起设备的损坏或损伤,也需要有应急使用的检修物料。

1.检修物料的种类及选用

主、副机等设备维护保养时涉及的各类设备的工作条件不一,出现的故障部位、性质不一。各类检修物料的适用范围各有不同,船舶所需的检修物料种类繁多,可分为以下几种:

(1)金属及金属制品。包括金属原材、金属型材、阀件、管接头、标准件、焊条、管材和其他金属制品等。

(2)化学品。包括胶粘剂、清洗剂等。胶粘剂按基料化学成分可分为:有机胶粘剂和无机胶粘剂两大类。有机胶粘剂中常用的为环氧树脂胶粘剂,其粘结力很强,能够粘结各种金属、非金属材料,但只适用胶合工作温度在80℃以下的零件。无机胶粘剂中的塑料钢粘合剂:可用来修理管子、阀门、水泵、柜和其他金属构件,修理后能加工、钻孔,能在500℃

高温下长期工作,但不适用于非金属构件的胶合。铝质粘合剂:具有与塑料钢粘合剂相同的性质,但能像铝材一样不锈蚀和光滑。防止磨损粘合剂:有较高的防止磨损和自滑作用,有不收缩的性能,可填入轴和泵内部,可用于轴承表面和其他修理,同时可将缺陷表面修复形成光滑表面。

清洗剂分为碱性清洗剂、合成洗涤剂、酸性清洗剂三大类。

2.检修物料的申请与供应

根据检修工作的安排及船上现有检修物料的库存量,每月或每航次由各主管轮机员提出所需检修物料申请,由大管轮填写物料申请单,经轮机长审查后交公司供应处审核供应。

在国外购买物料需要先经公司供应处批准。

为了方便轮机员提出检修物料申请,国际船舶供应协会编制有《船舶物料手册》,其中有各种物料的编号、规格、性能等,以便指导检修物料的选用。

为了降低营运成本,目前有些公司已实行物料费分船包干,节约有奖的方法。

(三)检修物料的保管

船舶物料应由专人负责保管,杜绝浪费现象。

远洋船舶一般由一名轮助负责,沿海船舶由机匠长负责。

(四)轮机备件的作用及最低数量要求

船舶储备必要数量的备件,是保证主、副机等机电设备正常运转的重要条件,也是保证船舶航行安全的重要条件。

我国船级社制定的《钢质海船入级与建造规范》中,对船舶主要机械设备如主柴油机、副柴油机、锅炉、轴系、泵等的备件的最少限额做了明确的规定,并作为船舶是否适航的条件之一。

三、船用量具

(一)量具概述

用来测量、检验各种零件长度或角度的工具称为量具。量具的种类和形式繁多,根据其使用特点和使用范围大致可以分为以下三种类型。

1.通用量具

该量具通常都有刻度,在它们的测量使用范围内,可以测得零件的具体尺寸数值。这类量具有游标卡尺、千分尺、百分表等。

2.专用量具

该量具不能测量零件的实际尺寸,只能用来决定零件的尺寸和形状是否合格,这类量具有螺纹环规、螺纹塞规等。

3.标准量具

该量具只是代表某一固定尺寸,一般用作标准,与被测零件相比较,或用来校准(正)其他量具和量仪,这类量具有块规、标准环等。

船舶轮机管理人员使用的量具通常大多数是通用量具,具体包括钢直尺、游标卡尺、千分尺、百分表、塞尺等。

但是,船舶机舱检修工作中,有些设备的测量用普通量具是较困难的,为此常配有专用量具,如测量臂距差的臂距差表,测量气缸内径的量缸表,测量尾轴承、主轴承磨损量的测深尺等。

(二)船舶检修的专用量具

1.臂距差表

臂距差表也称为拐档表,是一种特殊的百分表,可以测量曲柄臂距变化的数值,一般随机配备,它的测量精度为0.01mm,也可用普通百分表改制,但臂距差百分表的正负号指向与普通百分表相反。当用这种表测量臂距差时,曲柄臂张开,臂距增大,表的指针指向正(+)值或读数增大方向;曲柄臂缩合,臂距减小,则表的指针指向负(-)值或读数减小方向。这样,表上指针的正负或读数的增减与臂距的增减相一致,但用普通百分表改制时表上读数的增减是相反的。

在测量臂距差时,表杆两尖端顶在曲柄臂上专门的冲眼内,表有1~2mm的预压缩后再将表杆长度锁定。表安装后用手在下保护并轻轻转动两圈检查是否装牢,以免掉下摔坏。表装好后应调零,以方便测量时读数。装表时预压缩量不应过大或过小,过大,在曲柄收缩时会压坏表;过小,在曲柄张开时会使表掉下摔坏。

2.桥规

桥规用来测量曲轴的桥规值和主轴颈下沉量,以确定主轴承下瓦的磨损量。桥规是随机专用量具,其结构随机型不同而异。

柴油机的桥规铭牌上标记着柴油机台架试验时测量的各道主轴承盼桥规值,作为使用中测量比较的依据。前后两次测量桥规值之差即是轴瓦相应阶段的磨损量。

使用老式桥规进行测量时需拆下主轴承螺栓、上盖和上瓦,操作不便。目前大型柴油机普遍采用带有捌深尺的桥规,在主轴承两端测量而先须拆卸主轴承。

第二节 零件损害的分类

船舶在运行中,由于机器运转或多种原因,使得其构成零件受到损害,甚至失效,因此,熟知零件的损害分类,对于零件的保养和维修具有重要意义。

一、船机零件的摩擦与磨损

机器运转时,机器中具有相对运动的运动副零件会发生配合表面的摩擦,从而引起零件的磨损。根据统计,大约有80%的零件都是因磨损而报废的。磨损是船机零件的故障模式之一,是影响船舶机械正常运转和船舶安全航行的主要因素。同时,机械零件之间的相互摩擦也消耗着能源,造成巨大的能源损失,根据资料,世界能源的1/3~1/2是以不同的形式消耗在克服机械零件表面相互作用的摩擦上。所以,研究船舶机械的摩擦磨损,寻求减少磨损的措施,达到节省能源,提高船舶使用寿命的目的,是一项非常有意义的工作。

(一)摩擦

1.摩擦表面

(1)摩擦表面的形貌。零件表面不论用什么方法加工,不论表面看起来多么平整光滑,在显微镜的观察下,其表面总存在大小不同,高低不等,形状各异的峰和谷。也就是说,从微观的角度看,任何零件表面都是不规则的,起伏不平的,即存在着粗糙度。

我们把零件表面的几何形状称为表面形貌,它是由形成表面的最后加工方法、刀痕、切屑分裂时的变形、刀具与表面之间的摩擦、加工系统的振动等原因造成的。

表面粗糙度直接影响零件摩擦表面的实际接触面积的大小和实际压强的大小。两个表面接触时,实际接触面积远远小于名义接触面积。

(2)金属表层结构。完全洁净的金属表面在大气环境中是不存在的。一旦洁净新鲜的表面出现,就会立刻自然地吸附、污染形成覆盖膜。为了描述金属表层结构,把经过机械加工的表面自表向里分成外表层和内表层。

外表层包括污染层、吸附层、氧化层;内表层即加工匹硬化层与没有受到影响的金属基体相连,同时各层的厚度也不一样。

2.摩擦类型

两个物体相互接触,在外力的作用下,发生相对运动或具有相对运动趋势时,接触面之间就会产生切向的运动阻力和阻力矩,这种现象叫作摩擦,所产生的阻力和阻力矩分别称为摩擦力和摩擦力矩。摩擦消耗大量的有用功,产生大量的热使物体温度升高并产生磨损。

(1)摩擦的分类。包括:①按摩擦副的运动状态分为静摩擦和动摩擦。②按摩擦副的运动形式分为滚动摩擦和滑动摩擦。③按摩擦副的表面润滑状态分为4类:干摩擦:摩擦表面间没有任何润滑剂时的摩擦,摩擦系数较大,约为 $0.1\sim1.5$;边界摩擦:在边界润滑条件下,摩擦表面间有一层极薄的润滑油膜时的摩擦。边界油膜的厚度仅为 $0.1\mu m$,摩擦系数为 $0.05\sim0.5$;液体摩擦:摩擦表面间有一层边界膜和流体膜的润滑剂时,摩擦表面不能直接接触,摩擦发生在润滑剂分子之间的摩擦。摩擦系数最小,仅为 $0.001\sim0.01$;混合摩擦:摩擦表面间同时存在边界摩擦和干摩擦的半干摩擦或同时存在边界摩擦和流体摩擦的半液体摩擦,均称为混合摩擦。

(2)干摩擦分析。干摩擦后,摩擦表面的金属性质发生很大变化。首先由于摩擦表面的塑性变形引起表面层加工硬化和释放出的热量使表面温度升高,甚至超过基体温度。当温度升高超过金属的再结晶温度时,表面的加工硬化消失且发生再结晶;当温度继续升高时,表面金属能被软化发生粘结和相变;当摩擦表面继续运动时,接触部分脱开,相变的组织因冷却而被淬火,摩擦表面强度和硬度进一步提高。最后,由于摩擦过程中摩擦表面与周围介质的作用,又会造成表面更大的磨损,例如,空气中的氧会使氧化膜破碎后的裸露金属表面氧化;空气中的水、润滑油中的酸、硫分会使表面腐蚀等。

(3)流体摩擦分析。流体动压润滑是依靠轴承或相对运动表面在运动方向上构成几何收敛楔形而产生的楔形效应。为此,相对运动零件或者在结构上自然形成楔形油膜,如轴与轴承、推力块与推力环等均能在运转时形成楔形油膜,或者在零件表面上设计成一定的形状,以便运转时产生楔形效应,建立楔形油膜。在此基础上,只要具备以下条件,建立楔形油膜,就能实现流体动压润滑。

第一,摩擦表面应具有较高的加工精度和表面粗糙度等级。第二,摩擦表面间具有一定的合适配合间隙。第三,保证连续而又充分地供给一定温度下粘度合适的润滑油。第四,相对运动零件必须具有足够高的相对滑动速度。[①]

船舶机器在实际运转中,在起动、停车或者不稳定工况运转时,摩擦副难以实现或保持流体动压润滑而产生磨损。

(4)边界摩擦机理。当摩擦表面间只有少量的润滑剂时,依靠润滑剂和加入到润滑剂中添加剂的物理、化学性能,在摩擦表面上形成牢固的边界膜,以隔开摩擦表面,减少摩擦。

(二)磨损

1.磨损定义

机器运转过程中,相对运动的摩擦表面的物质逐渐损耗,使零件尺

[①]林颖毅,陈勇.摩擦磨损对船舶柴油机可靠性的影响分析[J].科学技术创新,2018,(12):49-50.

寸、形状、位置精度及表面质量发生变化的现象称为磨损。

为了准确地描述零件磨损后其尺寸、形状和位置精度发生的变化情况,通常又可用磨损指标(磨损量、磨损率)、几何形状指标(圆度误差、圆柱度误差、平面度误差)等进行定量的测量、分析,并与机器说明书或相关标准、规范的数值比较,以判断零件的磨损程度。

2. 摩擦分类

(1)磨粒磨损。摩擦副在相对运动时,在摩擦表面间存在固体磨粒或硬的凸起物,它对摩擦表面产生微切削和刮擦作用引起的机械磨损称为磨粒磨损。

磨粒磨损有两种情况:第一种情况是一个粗糙的硬表面相对于一个软表面滑动,犁出细的沟槽,相当于一把锉刀或金刚砂相对于软金属作用。第二种情况是两摩擦表面间存在游离颗粒引起的磨损。游离颗粒可以是磨损产物,也可以是空气或润滑油中的杂质。

摩擦副的材料硬度和磨粒的大小、硬度对磨粒磨损有影响:材料硬度越高其抗磨粒磨损性能越好,磨粒平均尺寸越大磨粒磨损越严重,磨粒硬度越高磨损越严重。但磨粒硬度低于材料硬度时也会产生磨损。

(2)腐蚀磨损。摩擦副相对运动时,由于摩擦表面与周围环境中的介质发生化学反应或电化学反应以及同时存在的机械摩擦作用引起的磨损称为腐蚀磨损。

腐蚀磨损通常是一种轻微的磨损,但在高温或潮湿的环境中它也可以变为严重的磨损。最常见的是氧化腐蚀磨损,它是金属摩擦表面与空气中的氧发生化学反应的结果。大多数金属(除金、铂等少数金属以外)都被氧化膜覆盖着。纯金属表面,在瞬间立即与空气中的氧起反应,生成单分子层的氧化膜,膜的厚度逐渐增大,增大的速度随时间的指数规律而减小。若形成的氧化膜是脆性的,它与基体金属结合的抗剪切性能差,或是氧化速度小于磨损速度,则氧化膜极易被磨损;反之,若形成的氧化膜韧性好,它与基体金属结合处的抗剪切性能强,或是氧化速度大于磨损速度,则氧化膜起着保护摩擦表面的作用,因此磨损率是相当小的。

此外,还有特殊介质腐蚀磨损,它是摩擦副与酸、碱、盐等特殊介质发生化学腐蚀作用而形成的。其磨损机理与氧化磨损相似,但磨损速度较大,其破坏特征是摩擦表面遍布点状或丝状磨损痕迹,一般比氧化磨损痕迹深,磨损产物为酸、碱、盐的金属化合物。

(3)疲劳磨损。当摩擦副作滚动或兼有滚动与滑动的复合运动时,在交变的接触应力作用下,摩擦表面疲劳产生裂纹并产生片状或颗粒状的磨屑使摩擦表面出现凹坑的现象称为表面疲劳磨损,简称疲劳磨损。

产生表面疲劳磨损的内因是由于摩擦表面层内存在着物理的和化学的缺陷,如晶格缺陷、空位、位错等物理缺陷和金属夹杂物、杂质等化学缺陷。在外力作用下有缺陷的部位会产生应力集中而萌生裂纹。所以,减少零件材料内部缺陷将会显著减少疲劳磨损。

疲劳磨损可分为两种类型:①收敛性的表面疲劳磨损:新的摩擦表面上开始时接触点较少,实际比压较大,易产生小凹痕。随着接触面积扩大,实际比压减小,凹坑停止扩大,机件可继续工作。②扩展性的表面疲劳磨损:当作用在两接触面上的交变应力较大时,由于材料塑性较差或润滑剂选择不当,在跑合阶段就产生小凹痕,产生小凹痕后就不断发展形成痘斑凹坑,最后导致机件失效。

二、船机零件的腐蚀与防护

金属与周围介质发生化学作用、电化学作用或物理溶解而产生的变质和破坏称为腐蚀。金属腐蚀是在外部介质的作用下发生在金属与介质的相邻界面上的破坏。因此,金属腐蚀破坏总是从零件表面开始,然后向零件内部扩展或同时向四周蔓延。随着非金属材料的迅速发展和应用,大大降低了腐蚀的破坏作用。但非金属材料与周围介质作用,仍可以产生破坏,我们把这种破坏也归于腐蚀破坏。

(一)化学腐蚀

1.化学腐蚀概述

金属与周围介质(非电解质)直接发生化学作用引起的破坏,称为化学腐蚀,化学腐蚀过程中没有电流产生。化学腐蚀分为两种形式:一种是气体腐蚀,另一种是有机介质腐蚀。

气体腐蚀是指在干燥气体或高温气体中的腐蚀。金属与介质中的氧化剂直接作用,在金属的表面生成一层氧化物薄膜,这就是腐蚀产物,金属能否继续被氧化,取决于氧化物薄膜的结构和与基体的结合强度。

金属在有机介质中的腐蚀是指金属在不导电的非电解质介质中发生的破坏,例如,在有机酸、卤代化合物和含硫的化合物等有机物介质中的腐蚀。但实际生产中,纯化学腐蚀的现象较少,大多数的介质中因含有少量水分而使有机介质不纯,使化学腐蚀变为电化学腐蚀。油船的油舱内壁遭受石油的腐蚀就属于这一种。

化学腐蚀的特点是金属在腐蚀过程中没有电流产生,腐蚀产物直接在金属表面生成。腐蚀产物的结构和性质决定了金属在不同介质中的耐化学腐蚀的能力。如果腐蚀产物是一种致密而完整的稳定膜,虽然最初因为膜太薄,不能起到隔离介质与金属的作用,但是,金属原子和介质还可通过膜相互扩散而继续发生腐蚀,生成腐蚀产物使膜加厚,致使原子不能扩散而使腐蚀停止,起到保护金属的作用。不同的金属所形成的膜的保护作用不同;同一种金属所形成的膜的保护作用也不完全一样。膜的保护作用完全取决于膜的结构和性质,当腐蚀产物不能以完整而致密的稳定膜形式留在金属表面时,介质就可与金属表面接触,发生作用而使金属腐蚀。

2.防止化学腐蚀的措施

根据化学腐蚀的机理,可以在零件表面上覆盖一层保护膜,来防止零件被腐蚀,常用的方法有在零件表面覆盖金属保护层、非金属保护层等,如镀锡、镀锌、镀铬以及涂油漆、涂树脂等。

采用化学处理方法,在被保护零件的表面上生成一种致密的薄膜,以防止腐蚀,如铜、铁零件的氧化处理,即发蓝处理。

防止排气阀等的高温腐蚀,可选用钒、钠含量少的燃油,控制其成分;加强排气阀等零件的冷却,使零件温度控制在550℃以下等。

防止气缸套的低温腐蚀,可适当提高缸套的冷却水温度,采用适当碱度和数量的气缸润滑油,将气缸润滑油孔设在气缸套的较高位置,使气缸润滑油注入气缸时能沿气缸套内表面圆周均匀分布,这些措施都能使腐蚀磨损减轻。

此外,还应注意零件材料的选择,对在腐蚀环境下工作的零件,应选用耐腐蚀性能强的材料。

(二)电化学腐蚀

1.电化学腐蚀概述

金属和周围介质发生电化学作用引起的腐蚀称为电化学腐蚀,电化学腐蚀过程中会产生电流。金属在电解质溶液中,如海水、酸、碱、盐的溶液中以及在大气和土壤中均能发生电化学腐蚀。

2.船上常见的电化学腐蚀

在船上发生的电化学腐蚀均属于局部腐蚀,常见的腐蚀有以下几种。

(1)电偶腐蚀。船上发生这种腐蚀的零部件或构件很多,只要能够形成异金属接触电池(腐蚀电偶)的零部件就会发生电偶腐蚀。例如,冷凝器在使用中发生的碳钢壳体的腐蚀以及尾轴和水泵轴的腐蚀等。

(2)氧浓差腐蚀。金属零件与含氧量不同的溶液接触就会形成氧浓差电池。金属浸于含氧的溶液中就会形成氧电极,而氧电极的电极电位与溶液的含氧量有关。因为氧的浓度越高、氧的分压力越大,氧电极的电位就越高。所以,金属与氧浓度高、氧分压大的溶液形成的氧电极为阴极;与氧浓度低、氧分压小的溶液形成的氧电极为阳极,从而构成氧浓差电极,发生氧浓差腐蚀。如工程上连接件的缝隙,由于缝隙深处充气不足便容易形成氧浓差电池,使连接件缝隙处发生腐蚀。柴油机气缸套外圆表面的下部橡胶密封圈处,冷却水流停滞,氧的溶解度小,氧浓差电池作用使气缸套外圆表面的下部被腐蚀,严重时会造成冷却水漏入曲柄箱的事故。

(3)石墨化腐蚀。灰口铸铁零件表面的铁被腐蚀,只剩下石墨片,这种选择性的腐蚀称为铸铁的石墨化腐蚀。灰口铸铁零件在弱电解质溶液中,因合金中的各相电位不同而构成微电池,即石墨相电位高为微阴极,铁素体相电位低为微阳极。腐蚀后零件金属表面为石墨骨架与铁锈组成的海绵状物质,使铸铁的机械性能大为降低。这种腐蚀进展较为缓慢,不及时发现会造成突然破坏,例如,柴油机气缸套外圆表面的上部,因冷却水温度高容易形成这种微电池而使缸套上部腐蚀。

(4)海水腐蚀。海水是唯一含盐浓度相当高的电解质溶液,又是人们最熟悉的腐蚀性最强的天然腐蚀剂之一。船舶常年航行在海上,船体钢板、螺旋桨和尾轴均与海水接触;柴油机的空冷器、冷却器及空气压缩机的机体、管子都要用海水来冷却;近年来海上石油开发,其采油平台和输油管道亦在海水之中,海水的腐蚀作用不容忽视。例如,冷却器的铸铁管在海水作用下,一般只能使用3~4年;碳钢冷却水箱内壁的腐蚀速度可达到1mm/年以上。因此应对海水腐蚀有所了解。

海水由于含盐量相当大而成为腐蚀性介质。在世界各大洋中,海水的成分和总盐度是恒定的,但在内海里的含盐度则因地而异。例如,地中海的总盐度高达3.7%~3.9%,而里海的总盐度则低至1.0%~1.5%。海水中的盐类主要是氯化物,其次是硫酸盐。由于海水能离解盐类,所以海水是一种导电性很强的电解质溶液。海水中大量氯离子的存在,使得零件金属表面的氧化膜遭到破坏,因而海水对于大多数金属都具有很强的腐蚀性。在腐蚀过程中,可能是微观电池作用,也可能是宏观电池作用,例如,在船体钢板上,有铁锈的表面与铁锈脱落的表面在海水中就会形成无数个微电池,使船体钢板受到腐蚀。

3.防止电化学腐蚀的措施

根据电化学腐蚀原理可知,只要破坏产生电化学腐蚀的条件之一就能有效地阻止电化学腐蚀的进行,这是防止电化学腐蚀的最基本的原则。另外,由于电化学腐蚀破坏的形式很多,而每一种腐蚀破坏都有其产生的具体原囵和影响因素,因此,防止电化学腐蚀的措施是多种多样的,应根据不同情况采取不同的措施,常见防腐措施主要有以下几类。

(1)合理选材。为了保证机器和设备的长期使用和安全运转,在设计时应根据使用条件和工作介质合理选用材料。例如,对在腐蚀介质中工作的零件应选用耐腐蚀材料。又如,对有可能形成电偶腐蚀的地方,对构成电偶的两个零件的金属材料应注意选择,尽可能使它们的电位相近。

(2)阴极保护法。根据电化学腐蚀原理,将被保护金属施以外加阴极以减小或防止金属腐蚀的方法称为阴极保护法。具体方法有外加电流阴极保护法,即将被保护金属与外加直流电源的负极相连,用外加阴极电流使阴极电位向负的方向变化,从而阻碍阴极和阳极反应的进行,达到减小金属腐蚀的目的。

还可采用牺牲附设保护法,即在被保护设备上连接一个电位更低的金属作为阳极,而被保护设备的金属变为阴极,这样设备就不会被腐蚀。例如,在船体钢板上安装锌块和在柴油机气缸套外圆表面上安装锌块,都是使阳极转变为阴极从而达到保护船体和气缸套的目的。

(3)介质处理。除去介质中促进腐蚀的有害成分,例如锅炉给水的除氧;调节介质的pH值及改变介质的湿度等。在介质中添加少量能够阻止或减缓金属腐蚀的物质(如缓蚀剂)以保护零件金属;通过各种方法处理介质以改变介质的腐蚀性,从而降低介质对金属的腐蚀作用。

(4)在零件金属表面覆盖保护层。在零件金属表面覆盖耐蚀性较强的金属或非金属,使零件金属表面与腐蚀性介质隔开以达到防止腐蚀的目的。根据覆盖材料的不同可分为金属覆盖层和非金属覆盖层。金属覆盖层可采用电镀、喷镀、涂镀和氧化(发蓝)等方法在阳极或阴极表面上覆盖金属层。非金属覆盖层可采用油漆、塑料、玻璃钢等材料。

(5)加强日常维护管理。船舶动力装置中凡是与海、淡水接触的零件、构件和管系均有发生电化学腐蚀的可能。例如,柴油机气缸盖、气缸体与冷却水接触的部位;增压器壳体、冷却器与冷凝器以及海、淡水管系等。

轮机员在日常管理中,根据动力装置中不同情况的腐蚀应采用不同的防腐方法。主要有以下几点:在柴油机冷却水系统中加入适量无机缓蚀剂或乳化防锈油,以抑制腐蚀作用,防止零件的腐蚀;适当提高气缸冷却水温度及采用高碱性气缸油,以减少气缸套的低温腐蚀;加强润滑油的检验,控制酸值以防轴承特别是铜铅合金轴承的腐蚀;机件经过碱洗后,一定要用清水彻底洗净,并涂油保护;在船体钢板上、气缸套冷却水腔壁上安装锌块,以实现阴极保护。除上述方法外,日常的观察、定期的检查均不可忽视,以免因腐蚀严重造成突发事故。

三、零件的疲劳破坏

零件的疲劳裂纹和断裂等破坏在船上是屡见不鲜的,如柴油机的气缸盖、气缸套和活塞组件上的裂纹,曲轴的裂纹和折断等。船机零件产生裂纹和断裂,不仅危及船舶的正常营运,还可能酿成严重事故,造成生命、财产的重大损失。因此,对零件的这种破坏形式,应予以特别重视。轮机员也应具备有关船机零件产生裂纹和断裂的知识,并采取防止和减少此类事故发生的措施。

(一)疲劳破坏概述

1.疲劳破坏的概念

零件材料在交变载荷的长时间作用下产生裂纹和断裂的现象称为疲劳破坏,它是一种严重的零件失效形式。据统计,疲劳断裂的零件约占断裂零件总数的80%以上。

2.疲劳断裂的特征

零件发生疲劳断裂时具有以下特征:①零件是在交变载荷作用下,经过较长时间的使用。②断裂应力小于材料的抗拉强度,甚至小于屈服强度。③断裂是突然的,无任何先兆。④断口形貌特殊,断口上有明显不同的区域。⑤零件的几何形状、尺寸、表面质量和表面受力状态等均直接影响零件的疲劳断裂。

3.疲劳断裂的种类

(1)按零件所受应力大小和循环周数分类。高周疲劳:为低应力、高寿命的疲劳破坏。应力较低,小于屈服极限,应力循环周数高,一般超过$10^6 \sim 10^7$,是常见的一种疲劳损坏。如曲轴、弹簧等零件的断裂。低周疲劳:为高应力、低寿命的疲劳破坏。应力接近或等于屈服极限,应力循环周数小于$10^4 \sim 10^5$。如压力容器、高压管道等零件的裂纹和断裂。

(2)按零件工作环境和接触情况分类。分为热疲劳、腐蚀疲劳、接触疲劳等。热疲劳:由于零件受热温度变化引起热应力的反复作用造成的疲劳破坏,如气缸盖、气缸套等受热面的裂纹。腐蚀疲劳:零件或材料在腐蚀性介质中受到腐蚀,并在交变载荷作用下产生的疲劳破坏。接触疲劳:是指零件接触表面在接触应力反复作用下产生麻点和金属剥落或表层压碎而剥落使零件失效。例如,轴承、齿轮等零件的表面破坏。

(3)按应力状态分类。分为弯曲疲劳、扭转疲劳、轴向拉压疲劳和复合疲劳等。

(二)防止疲劳断裂的措施

疲劳裂纹的影响因素很多,因此防止或减少船机零件疲劳裂纹的产生,也要从多方面着手。

1. 结构设计方面

在船机零件结构设计中,要努力降低应力集中和附加弯曲应力。例如要注意下列几点:

(1)大多数零件都有孔、键槽、螺纹和断面突变处,在这些部位,都有应力集中。缺口越尖锐,断面变化越大,应力越集中,疲劳强度降低越严重。因此,要求孔圆角和变化断面的过渡圆弧要大,加工要仔细、粗糙度低,以减少应力集中。

(2)滚动轴承、齿轮、曲柄等零件与轴颈连接时,往往采用压配合,这种压配合面产生应力集中。为了减少应力集中,往往采用卸载槽结构。

(3)改进不合理的设计以减少或消除由此引起的附加应力。

2. 制造方面

(1)注意消除零件在加工制造过程中产生的各种应力,以减少零件在使用中产生裂纹的内因。例如,由于铸造、热处理、焊接工艺不当等使零件中残存着铸造应力、焊接应力或热应力等,甚至使零件产生裂纹、缩孔等缺陷。因此对重要零件应认真检查才能验收。

(2)降低零件表面粗糙度。表面加工越粗糙,应力集中现象就越严重。表面光洁,微缺口少,应力集中就小。

(3)提高零件表面疲劳强度。提高零件表面的疲劳强度实际上是在零件表面层内形成压应力的状态。实验证明,室温条件下零件表面层具有残余压应力时,将会使零件所受的拉应力减小或全部抵消,从而阻止疲劳裂纹的出现或扩展,使零件的疲劳强度提高。

3. 管理方面

加强曲轴维护保养,对减少曲轴的疲劳破坏也是十分重要的。例如:

①注意检查曲轴轴颈与轴瓦的配合间隙,因为间隙过大会产生严重的冲击,加重曲轴的负荷。②定期检测曲轴臂距差,及时掌握曲轴轴线状态并及时进行调整,以免增大曲轴的弯曲应力。

第三节 船机零件的修复

船舶机械经过一段时间的运行后,船机零件会产生一定程度的损伤,针对零件的具体损坏形式选用合适的修复工艺进行有效的修复,不仅可以使已损坏或报废的零件恢复其使用性能,更能够保证船舶在缺少备件的情况下的应急需要。

一、船机零件修复概述

(一)船机零件修复的意义

船机零件的修复具有以下重要意义:①可以减少船舶所带备件的数量。②减少新备件的购置费用,降低修船成本。③可以促进船舶修复工艺的发展和修理技术水平的提高。④延长设备的使用寿命。

(二)修理方法的选择

随着船舶现代修理技术的发展,船机零件常用的修理方法有清洗、钳工修配、机械加工修复、电镀工艺、金属扣合工艺、焊补修理、粘接修复和研磨技术等。在零件实际的修理过程中,合理选择修理方法可以保证船舶修理质量,降低维修成本,缩短修复时间。一般情况下,选择合理方法总的原则是生产可行、工艺合理、经济合算。主要应从以下几个方面考虑:

1.修理工艺对零件材质的适应性

例如用焊补方法修理不同材质的零件时,应根据被修理零件的材料及焊后的强度要求选用不同焊补方法。

2.修理工艺应能满足所要求的修复层厚度

不同的修理方法所能达到的修复层安全厚度范围不一样,应根据修理件的性能和强度要求正确选用修理方法。

3.零件结构、尺寸对修理工艺的限制

对损坏零件进行修理时,应综合考虑所采用修理工艺的适用性。例如一些壁厚太薄的金属零件就不能采用金属扣合工艺等。

4.零件修复后的强度指标

同一种修复方式如果采用不同的修复厚度,其强度指标也会发生很大的变化。修复层与零件基体的结合强度、修复层本身的抗拉强度、硬度、耐磨性以及修复层对零件疲劳强度的影响等强度指标应能满足零件使用工况的要求。

5.修复过程对零件精度和表面层性能的影响

不同的修复方法对零件的热变形、表面层组织等影响不一,一般应根据修复方法和零件的技术要求,对零件进行修复前的预热及修复后进行适当的热处理和整形加工处理。

二、船机零件的修理工艺

(一)船机零件的清洗

1.船机零件的清洗概述

船机零件从机器上拆卸下来时一般都附有油垢、积炭、污垢、水垢等,在检修时要进行必要的清洗,机器的管路内部在长期使用后也会产生沉积的污垢等一些杂物,必要时也应对管系进行清洗。零件表面的清洁便于发现和检查零件的缺陷、确认损伤性质、损伤程度,使测量更加准确,也便于修理和装配;管系清洗有利于保证管路内液体的质量和管路的畅通,确保机器的正常运转。[1]

2.零件的清洗方法

(1)常规清洗。常规清洗又称为油洗,是指利用有机溶剂如汽油、煤油或柴油溶解零件表面油污的一种手工清洗方法。清洗时,先将拆卸下的零件浸泡在油中,然后用抹布或刷子除去零件上的油污。

此种清洗方法操作简便、使用灵活、适用性广,对于油污积垢不严重的零件清洗效果好,但是此法对于积炭、铁锈和水垢无效,使用不够安

---

[1]高国栋,张文孝,于功志.《船机维修技术》课程教学研究与实践[J].装备制造技术,2012,(6):208-210.

全,尤其应注意防火,一般在机器处所严禁使用易挥发的汽油作为清洗剂。

(2)机械清洗。利用钢丝刷、毛刷、砂布、油石和敲锈锤等进行人工刷、刮、磨和敲击等机械作用来清除零件表面沉积较严重的积炭、铁锈和水垢等,再用汽油或柴油清洗干净,常用于清洗柴油机燃烧室的零件。

这种清洗方法操作简便,使用灵活,对清除零件表面较厚的积垢十分有效。但是,此法容易损伤零件表面,产生擦伤与划痕,另外对清洗工具触及不到的地方无法进行清洗。

(3)化学清洗。化学清洗是指利用化学药品的溶解和化学作用,清除零件表面的油、油脂污垢、结炭、水垢和铁锈等附着物,一般有酸性清洗剂、碱性清洗剂、合成清洗剂三种方法。

使用化学清洗剂时应注意:第一,根据清洗部件来选用合适的清洗剂,选用时应查阅产品说明书后再进行配制和使用。第二,船用清洗剂应选用对人体健康无损害的清洗剂,并注意有的清洗剂是易燃液体,在使用、储存时应严格按照说明书的要求进行操作使用。第三,船用清洗剂应满足下列安全因素:闪点 > 61℃;不含苯、四氯化碳、四氯乙烷、五氯乙烷和其他有毒成分的化学品。第四,进行化学清洗时应保证工作场所良好的通风,佩戴必要的保护器具,防止清洗剂溅入眼中,减少与皮肤、呼吸道的接触。第五,使用的乳化型清洗剂不允许被排入舱底或有机器场所。因为许多清洗剂都会引起油水混合物乳化,或者几种不同品种的清洗剂同时排入机舱舱底,可能引起永久性乳化状油污水混合物,造成分离设备不能正常运转,从而造成对海洋环境的污染。

(二)机械加工修复法

机械加工修复法主要包括修理尺寸法、附加零件法、局部更换法。

1.修理尺寸法

为了恢复已磨损零件的原有配合性质,需对配合件中较贵重零件的磨损表面进行机械加工,消除零件几何形状误差,使其具有正确的几何形状。此时,零件的原始尺寸改变为另一尺寸——修理尺寸,并对配合件中的另一零件按修理尺寸换新,从而使配合件恢复原有的配合性质。

轴类零件的修理尺寸小于原有尺寸;孔类零件的修理尺寸大于零件原有尺寸。

确定零件的修理尺寸有两种原则:

(1)最小加工余量原则。零件修理尺寸等于实际测得的尺寸减去(或者加上)为消除损伤缺陷需要的最小加工余量。而与之相配合零件的修理尺寸等于上述修理尺寸加上(或者减去)配合间隙值。从延长零件的寿命为出发点,这种修理方法是最经济的,但因限于单件生产,修理时间长。

(2)分级修理原则。零件按预先规定好的分级修理尺寸进行机械加工。一般来说,这时零件的加工余量就不是最小加工余量。而与之相配合的零件可以按相应的分级修理尺寸预先成批生产,制成备件供选用,使修理周期缩短,修理的经济性提高。

采用修理尺寸法修复零件时应考虑修理后零件的机械强度是否满足工作要求,对于重要的零件应参照有关规范、标准进行强度校核。如确定的修理尺寸已使零件的强度不足,则可以考虑采用其他方法修复。

修理尺寸法具有加工方法简单、修理质量高等优点,广泛应用于结构复杂和贵重零件的修复中,例如,修复船用柴油机的曲轴、气缸套、活塞、气阀等零部件。

2. 附加零件法

在零件结构和强度允许的情况下,将零件损坏的工作表面经过机械加工至能够安装附加衬套的尺寸,然后将附加衬套压入,再对衬套进行必要的机械加工,使其恢复原有尺寸或达到某级修理尺寸。

由于附加衬套具有一定的厚度要求,被修复机件必须去除相应的厚度才能装入衬套,这对被修复零件的机械强度有一定影响,事先必须进行强度校核,以保证零件修复后具有足够的机械强度。

衬套的材料通常与被修复零件的材料相同,为的是受热后两者膨胀一致,不产生附加应力或松脱。衬套的厚度不宜过薄,否则刚度过低。衬套与被修复零件配合必须有一定的过盈量,以使两者紧密贴合,满足传递力和传热的要求。过盈量的大小,依零件的尺寸不同而有所不同,如缸盖阀座处有较深裂纹时,阀座处可用衬套修复。

3.局部更换法

零件局部磨损或损伤严重时,在能够保证零件机械强度的前提下,从零件上去除该损伤部分,并按损伤部分应有的正确几何形状和尺寸精度制造这一部分的新件,再用焊接或其他方法将新件与零件余留部分牢固地结合在一起。如活塞顶发生严重裂纹,可将顶部裂纹处车削去,并车削出矩形螺纹,另外按车削去的部分配制相同材料的塞头,并将其旋入活塞。旋入时要旋紧,然后用压板固定或用三只均布的止动螺钉将塞头牢固地固定在活塞上。

如果活塞是铸钢的,则可将整个顶部割去,然后依割去部分的形状用同样的材料重新制作一只,并用焊接法连接。焊后应进行热处理和必要的加工,以达到使用技术要求。

(三)粘接修复

把损坏的零件重新连接成一个牢固的整体,使损坏的零件恢复使用功能的方法称粘接修复。胶粘剂不仅可以用于修复一些用其他方法均无法修复的船机零件,而且还可以用于船机装配工作,使修造船工作中的某些装配工艺大大简化,生产率显著提高。目前,粘接修复技术在修造船生产中已得到广泛地应用。

船舶修理中应用的粘接剂按其物性可分为无机粘接剂和有机粘接剂两大类。

1.无机粘结剂修复技术

(1)无机胶粘剂。无机胶粘剂主要由硅酸盐、磷酸盐、硼酸盐、金属氧化物等物质组成,具有较好的粘附性及较高的耐热性。无机胶粘剂大多是由固、液两相物质混合而成的一种粘性糊状物,且通常是水溶性的物质。

船机维修中常用氧化铜磷酸盐无机胶。这种氧化铜无机胶粘剂的特点是:适用的温度范围较广,可在-183~950℃使用;耐湿、耐油、耐辐射、不易老化;配制简单、使用方便、室温下即可固化、成本较低;但耐酸、碱腐蚀性差、脆性大、不抗冲击。

氧化铜无机胶粘剂的特点是：熔点较高氧化铜无机胶粘剂的熔点可达950℃；具有较宽的温度范围和较高的热稳定性其耐低温可达-183℃，可长时间在500℃环境下工作，短时间能在700～800℃下工作；具有高绝缘性和耐油性；不耐酸、碱，粘接强度较低，脆性较大。

(2)无机粘接修复技术的特点。毒性小，无公害，不燃烧；适用温度范围广，最大可在-183～3000℃范围内工作，耐热性能好；套接、槽接粘接时粘接强度高，但不适宜平接粘接；耐油、耐辐射，不易老化。但不耐酸、碱，耐水性差；可在室温下固化，固化时基本不收缩，稍有膨胀；脆性大，不抗冲击，粘接后的零件拆卸困难；粘接工艺简单，使用方便、灵活。

2. 有机粘结剂修复技术

(1)有机胶粘剂的种类。有机胶粘剂的品种繁多，分类方法也很多，主要分类方法有：①按原料来源分有天然胶粘剂和合成胶粘剂。目前使用的胶粘剂中，合成胶粘剂约占整个胶粘剂的80%。②按粘接剂用途分有结构胶粘剂和非结构胶粘剂。结构胶粘剂具有较高的强度，粘接后能承受较大的负载，可用于较大零部件的修复。常用品种有环氧树脂、聚氨酯、有机硅树脂、聚丙烯酸酯以及酚醛—丁腈橡胶等。非结构胶粘剂一般不能承受较大的负载，主要用于受力较小零件的修复或定位作用。常用品种有动物胶、植物胶、苯酚甲醛、聚酰胺等。③按胶粘剂状态分有液态胶粘剂和固体胶粘剂。④按胶粘剂热性能分有热塑性胶粘剂和热固性胶粘剂。

(2)有机粘接修复技术的特点。有机粘接与传统的铆接、键连接、螺纹连接和焊接等工艺方法相比，具有以下特点：①粘接力强、粘接强度较高。但不如焊接和铆接。②粘接时温度低，固化收缩小。所以粘接后零件不会产生变形和裂纹，也不破坏零件材料的性能。③胶缝具有耐腐蚀、耐磨和密封性能。有的胶缝还能起到隔热、防潮和防振的作用。④不受零件材料限制。相同或不同的金属或非金属材料均可粘接，对零件重量影响不大。⑤工艺简单，操作方便，成本很低。⑥胶粘剂不耐热。一般在50℃以下场合使用，有的可在150℃以下使用，某些耐高温的有机胶粘剂也只能达到300℃左右。⑦抗冲击性能和抗老化性能差。

(3)有机胶粘剂粘接工艺。包括:①有机胶粘剂的选用:有机胶粘剂可以粘接各种材料,例如金属与金属、金属与非金属、非金属与非金属等。粘接质量与胶粘剂的选用得当与否关系极大。所以,选用胶粘剂应注意以下几点:第一,被粘接物的状况。选用胶粘剂时应首先掌握被粘接物的种类、性能、表面状态、裂纹缝隙大小和修复要求等情况。第二,胶粘剂的性能特点。不同的胶粘剂其性能也有很大差异。如粘度、粘接强度、使用温度、收缩率、线胀系数、耐蚀性、耐水性及抗老化性能等。第三,根据粘接目的、受力情况和工作环境来选择胶粘剂。若粘接的要求是密封时应选用密封胶,若要求连接牢固,则应选用高强度胶粘剂;受力较大的粘接要选用结构胶粘剂,反之可选用非结构胶粘剂;长期受力的粘接件选用热固性胶粘剂,以防蠕变破坏;作用力频率小或静载荷,可选用刚性胶粘剂,如环氧胶,作用力频率高或冲击载荷,可选用韧性胶粘剂,如酚醛——丁腈胶、改性环氧胶;受力比较复杂的粘接件,选用由综合强度及性能好的弹性体和热固性树脂组成的胶粘剂,如环氧——丁腈胶等;耐高温、耐老化好的胶粘剂有有机硅、聚酰亚胺、酚醛——环氧、无机胶等;耐冷热循环工作条件的胶粘剂有硅橡胶胶粘剂、环氧——酚醛胶、聚酰亚胺胶等;耐水耐湿热、抗老化性能好的胶粘剂有酚醛——丁腈胶;对于大型设备,必须用室温固化胶粘剂等。②设计和制作粘接接头:胶粘剂粘接接头的力学特征是具有较强的抗拉和抗剪强度,但是抗弯曲、抗冲击及抗剥离强度较低。因此,在设计粘接接头时应尽量使接头承受或大部分承受与粘接面垂直方向上的应力或剪切应力,避免承受弯曲应力和剥离力。制作接头时,在结构上应尽量增大粘接面面积,提高粘接效果。例如采用斜接、台阶式搭接、套接、嵌接、凹型对接等。若条件允许时,可以采用粘—铆、粘—焊、粘—螺纹连接等复合形式接头。③粘接面处理:粘接面的清洁是实现牢固粘接的重要环节,粘接前必须对粘接面进行认真仔细的清洁。对普通工件,可先用棉纱等擦拭表面,再用汽油等有机溶剂进行脱脂去油,然后进行除锈及氧化处理,并使表面粗糙化,再用溶剂擦拭除油后即可进行粘接。如果要求粘接强度很高、耐久性很好,或粘接铝、铜、不锈钢等,应在进行完成上述表面处理步骤之后,用酸蚀法、阳极刻蚀法等进行表面活化处理,处理完毕用清水冲洗并干燥后再进行粘接。

(四)焊补修理

焊补包括焊接和堆焊两种方法。

裂纹和断裂可用焊接的方法修理。如缸盖上的裂纹可用加热(缓慢加热至 150~400℃)或不加热的办法焊补。前者易于保证质量,但工作条件很差,而且因为气缸盖形状复杂,如果加热不均匀,可能反而引起新的裂纹。在不加热焊补时,要特别注意避免因焊接应力而产生新的裂纹。为此焊前应先在裂纹两端顶点各钻一止裂孔,用凿子沿裂纹开 V 形坡口(约60°~90°),坡口底端应成圆弧形,因为尖角不易焊透,并且焊接应力会促使裂纹扩展。对于铸铁缸盖,可采用专门的铸铁焊条或普通碳钢焊条,而铸钢缸盖则采用普通碳钢焊条。用氧—乙炔焰对焊接部位进行较大面积的烘烤,以预热缸盖。如有可能,应将缸盖放在电炉中缓慢均匀而深透地预热至 50~60℃。焊时每次焊接长度不得超过 30~40mm,并趁红热状态用小锤快速而轻轻地敲击整个焊道,以防止热裂的产生。焊后应采取保暖措施,尽量使焊件缓慢冷却。

零件的磨损、腐蚀和烧伤等各种损伤大多可采用堆焊金属进行修复。如钢质活塞顶部烧损处可用堆焊法修理,可将烧损处车削加工到露出金属光泽,然后用优质焊条予以堆焊,堆焊后应进行退火处理以消除应力,然后对堆焊处进行机械加工达到零件要求的几何形状和尺寸。

在进行焊补修理中,铸铁件的焊补质量不易保证,容易产生裂纹。主要是因为:①铸铁塑性差,强度低,焊后冷却会因收缩产生裂纹。②焊补时焊缝接头处材料中的碳与硅烧损,快速冷却时生成白口,使硬度和脆性增大,常在使用中产生裂纹。同时由于碳和硅的烧损产生大量的熔渣及气体,在焊缝处产生气孔和夹渣。

近年来国内外对铸铁件采用低温焊补工艺,它是采用焊接性能好的镍系合金焊条,以低电流进行焊补,效果良好。

参考文献

[1]曹建生.工程材料检测[M].成都:西南交通大学出版社,2014.

[2]查五生,彭必友.冲压与塑料模具设计指导[M].重庆:重庆大学出版社,2016.

[3]陈炜.冲压工艺与模具设计[M].北京:科学出版社,2017.

[4]傅士伟,乐旭东.机械装配与调试[M].杭州:浙江大学出版社,2015.

[5]傅燕鸣.机械设计课程设计手册[M].上海:上海科学技术出版社,2016.

[6]高平.钳工工艺分析与制造[M].兰州:兰州大学出版社,2014.

[7]黄挺.钳工技能与实训[M].上海:上海交通大学出版社,2014.

[8]金美琴.机电一体化技术应用[M].北京:中国环境科学出版社,2016.

[9]李玉平.机械制造基础[M].重庆:重庆大学出版社,2016.

[10]李运生.模具钳工实训[M].杭州:浙江大学出版社,2014.

[11]练勇,姜自莲.机械工程材料与成形工艺[M].重庆:重庆大学出版社,2015.

[12]练勇,王毓敏.机械工程材料与成形技术[M].重庆:重庆大学出版社,2015.

[13]梁戈,时惠英,王志虎.机械工程材料与热加工工艺[M].北京:机械工业出版社,2015.

[14]刘晓华.机电一体化设备安装与调试[M].北京:化学工业出版社,2016.

[15]刘勇,刘康.特种加工技术[M].重庆:重庆大学出版社,2013.

[16]鹿洪荣.注塑模具设计[M].天津:天津大学出版社,2017.

[17]潘银松,张玉林,徐漫琳.建筑工程机械[M].重庆:重庆大学出版社,2015.

[18]任海东,程琴.机械制造基础[M].北京:北京邮电大学出版社,2015.

[19]沈志雄,徐福林.机械加工设备[M].上海:复旦大学出版社,2015.

[20]史继新,万友玲,刘火成.机械加工工艺[M].南昌:江西高校出版社,2014.

[21]宋建学.施工安全技术与管理[M].郑州:郑州大学出版社,2015.

[22]孙传.模具制造技术[M].杭州:浙江大学出版社,2015.

[23]孙卫青,李建勇.机电一体化技术(第2版)[M].北京:科学出版社,2016.

[24]汤家荣.模具特种加工技术[M].北京:北京理工大学出版社,2010.